江西理工大学优秀博士论文文库

二氧化碳熔盐电解制取氧气和碳

李亮星　黄茜琳　著

北京
冶金工业出版社
2021

内 容 提 要

本书基于 CO_2 资源转化利用为目的，采用熔盐电化学和电解技术，对卤化物-碳酸锂熔盐体系电化学分解 CO_2 制取氧气和碳开展了相关研究。主要内容包括：实验研究方法、碳酸根离子的阴极还原过程、$LiF-Li_2CO_3$ 熔盐体系转化 CO_2 制备碳膜、$LiF-KF-Li_2CO_3$ 熔盐体系阳极析氧行为及 $Li_2O-LiCl$ 熔盐体系电解 CO_2 等。

本书可供温室气体减排、工业尾气处理、大气环境保护等方面的科研人员和技术人员阅读，也可供高校环境工程、化学工程、冶金工程等专业师生参考。

图书在版编目(CIP)数据

二氧化碳熔盐电解制取氧气和碳/李亮星，黄茜琳著. —北京：冶金工业出版社，2020.7（2021.10 重印）
ISBN 978-7-5024-8501-6

Ⅰ.①二… Ⅱ.①李… ②黄… Ⅲ.①二氧化碳—熔盐电解—氧气—研究 ②二氧化碳—熔盐电解—碳—研究 Ⅳ.①TQ116.14 ②TQ127.1

中国版本图书馆 CIP 数据核字（2020）第 071365 号

出 版 人　苏长永
地　　址　北京市东城区嵩祝院北巷 39 号　邮编　100009　电话　(010)64027926
网　　址　www.cnmip.com.cn　电子信箱　yjcbs@cnmip.com.cn
责任编辑　杨　敏　美术编辑　彭子赫　版式设计　禹　蕊
责任校对　郭惠兰　责任印制　李玉山
ISBN 978-7-5024-8501-6
冶金工业出版社出版发行；各地新华书店经销；北京中恒海德彩色印刷有限公司印刷
2020 年 7 月第 1 版，2021 年 10 月第 2 次印刷
710mm×1000mm　1/16；7.5 印张；146 千字；112 页
49.00 元

冶金工业出版社　投稿电话　(010)64027932　投稿信箱　tougao@cnmip.com.cn
冶金工业出版社营销中心　电话　(010)64044283　传真　(010)64027893
冶金工业出版社天猫旗舰店　yjgycbs.tmall.com

前　言

化石燃料煤、石油和天然气的使用为现代工业和社会发展提供了大量能源的同时，排放出大量的二氧化碳。二氧化碳作为主要的温室效应气体，其大量排放使全球变暖，严重影响人类生存环境。然而，二氧化碳也是一种丰富的碳资源，如果能将二氧化碳转化与资源化利用，将其分解为碳，既可实现大气中二氧化碳排放循环，又可起到减少对环境破坏的作用。此外，火星大气环境中主要成分是二氧化碳（占95.3%），人类将来探测火星、在火星上活动甚至移居火星都需要赖以生存的氧气。开发二氧化碳制氧关键技术，利用火星大气中丰富的二氧化碳作为一次资源，进行原位电解制备氧气和碳，可为人类探测火星或在火星上建立空间站提供呼吸用或火箭引擎推进器用的氧气；同时，产物碳可用作还原剂，还原火星上的金属氧化物制备金属。因此，研究将二氧化碳分解为碳和氧气具有重要意义。

本书采用循环伏安、方波伏安和计时电位等常规电化学研究方法，研究了在 CO_2 气氛下的 48.55%LiF-50.25%NaF-1.20%Li_2CO_3（质量分数）熔盐体系中，碳酸根离子的阴极还原过程。研究结果表明，碳酸根离子在镍电极上的电化学还原机理是一步得四个电子的反应过程，即 $CO_3^{2-} + 4e^- = C + 3O^{2-}$；碳酸根离子在镍电极上的还原反应为不可逆电化学反应，其电子传递系数 α 为 0.21。在 48.55%LiF-50.25%NaF-1.20%Li_2CO_3（质量分数）熔盐体系中，1023K 时碳酸根离子的扩散系数为 $5.31\times10^{-5}cm^2/s$，碳酸根离子的扩散系数 D 与温度 T 的关系式为 $\ln D=-5.60-4308.50/T$，扩散活化能 $E_a=35.80$ kJ/mol。采用常规电化学研究方法研究了 Pt 电极在 LiF-KF-Li_2CO_3 熔盐体系中的阳极行为，提出了 Pt 电极上析氧反应的机理，通过理论分析和测量极化曲线研究了析氧反应的速度控制步骤。研究结果表明，在 813K 的 31.73% LiF-68.27%KF(质量分数) 熔盐体系中，在 1.8V(vs. Pt) 时 Pt 电极开始发生铂的氟化反应 $Pt+4F^- -4e^- = PtF_4$；在 813K 的 31.57%LiF-67.93%KF-0.5%Li_2CO_3(质量分数) 熔盐体系中，碳酸根离子在 Pt 电极上开始氧化的电位为 1.1V(vs. Pt)。通过对比理论分析和实验数据得出，在低电位下（$E<0.38$ V(vs. Pt)），实验测得的 Tafel 斜率与模型预测值 0.108 接近，析氧反应过程的步骤 3 即 $sO^- \rightleftharpoons sO + e^-$ 为速度控制步骤；在高电位下（$E>0.68$ V(vs. Pt)），实验测得的 Tafel 斜率与模型预测值 0.323 接近，析氧反应过程的步骤 2 即 $s\,CO_3^{2-} \rightleftharpoons sO^- + CO_2 + e^-$ 为速度控制步骤。

本书还对 LiCl-Li_2O 熔盐体系电解 CO_2 进行了研究，研究结果表明，在 CO_2 气氛下温度为 903K 的 95.0% LiCl-5.0% Li_2O（质量分数）熔盐体系中电解，在阳极上得到了氧气，阳极气体产物中 CO_2/O_2 的比值随着阳极电流密度的增大而增大。在 Pt 阳极上发生的电极反应为：$CO_3^{2-} -2e^- = CO_2 + 0.5O_2$。

本书的出版得到了江西理工大学的支持，石忠宁教授、王兆文教授为本书的撰写提供了帮助，在此表示衷心感谢。另外，在本书撰写过程中，参考了有关文献，在此向文献作者表示感谢。

由于作者学识有限，书中不足之处，恳请读者批评指正。

作　者

2020 年 3 月于南昌

目　录

1 绪　论

1.1 研究背景

当今时代，工业的高速发展对能源需求日益剧增。化石燃料煤、石油和天然气的使用为现代工业和社会发展提供了大量能源的同时也排放出大量的二氧化碳[1]。2012 年全球碳排放来源如图 1.1 所示。国际能源署（International Energy Agency，简称 IEA）数据显示，2014 年全球能源消耗排出的二氧化碳量约 323 亿吨，是 1860 年工业革命开始时的 60 多倍。自 2000 年以来，二氧化碳的排放量按照每年 2%~3%的比率上升，并一度使得浓度达到 0.4‰。二氧化碳作为主要的温室效应气体，其大量排放使地球变暖，破坏地球生态环境，影响人类生存环境。根据数据推测，如果地球表面温度仍按现在的速度继续升高，到 2050 年全球温度将上升 2~4℃，南北极地冰山将大幅度融化，必然导致海平面大幅上升，海洋风暴增多，一些岛屿国家和沿海城市被水淹没。

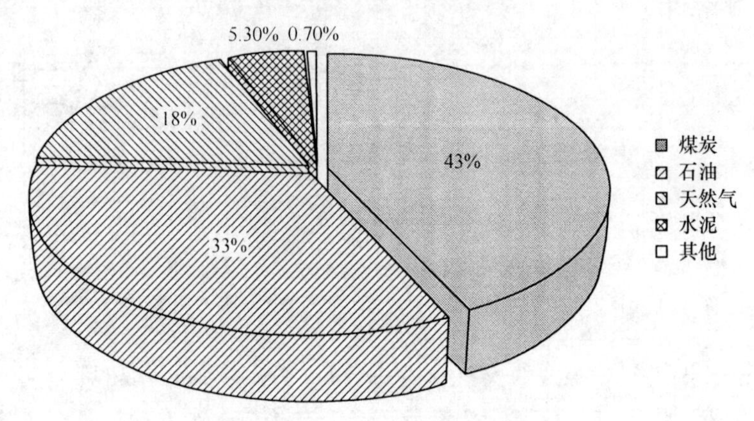

图 1.1　2012 年全球碳排放来源

全球性气候变化已经引起了世界各国政府的广泛关注，人们已经逐渐意识到了全球变暖可能导致的严重后果。为全面控制二氧化碳主要温室气体的排放，应对全球气候变暖给人类社会和经济带来负面影响，1992 年 5 月 9 日，联合国政府间谈判委员会就气候变化问题达成《联合国气候变化框架公约》（*United Nations Framework Convention on Climate Change*，简称《框架公约》），同年 6 月 4 日，联合国环境与发展大会（地球首脑会议）在巴西里约热内卢举行并通过了《框架公约》。1997 年 12 月，《框架公约》参加国在日本东京召开第三次会议并通过了《京都议定书》，规定了降低主要温室气体排放的具体指标：要求到 2012 年 CO_2、N_2O、CH_4、HFC、PEC 和 SF_6 六种温室气体排放量需在 1990 年的基础上平均削减 5.2%。2009 年 12 月 7~18 日，《框架公约》第十五次会议在丹麦首都哥本哈根召开，此次会议也被称为哥本哈根世界气候大会。来自 192 个国家的谈判代表参加峰会，共同商讨《哥本哈根协议》草案，提出在“2013~2020 年期间整体减排 30%~45%”，到 2020 年实现单位 GDP 能耗比 2005 年降低 20%左右。减排降碳已成为全世界各国人们共同关注的问题。

目前，中国经济正在以前所未有的速度高速发展，工业发展突飞猛进，温室气体的排放量在一定时期内仍将继续增长。中国已成为世界主要碳排放国，中、美、日、德、法 1971~2008 年历年二氧化碳排放量变化如图 1.2 所示。

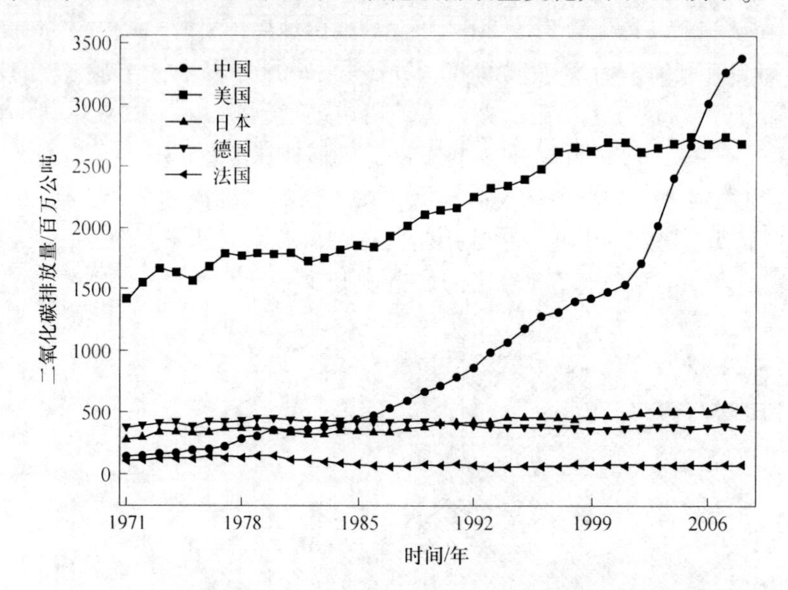

图 1.2 中、美、日、德、法 1971~2008 年二氧化碳排放量变化图

图 1.2 数据表明，中国的二氧化碳排放量已经在 2006 年超过美国，居世界首位。近年来，中国二氧化碳排放量呈直线上升趋势，作为二氧化碳排放量第一大国，中国政府同样对全球变暖问题给予了高度重视。为了减少二氧化碳气体的排放量应对气候变化，根据可持续发展战略的目标和要求，我国也推出了相应的应对气候变化的政策和措施。2004 年，国务院通过了《能源中长期发展规划纲要（2004~2020）》（草案），国家发展和改革委员会发布第一个《节能中长期规划》。2005 年 2 月，全国人大审议通过了《中华人民共和国可再生能源法》。2006 年 8 月，国务院发布了《关于加强节能工作的决定》，进一步增强了中国应对气候变化的能力。在哥本哈根气候变化大会上，中国政府向世界承诺，到 2020

年单位 GDP 的二氧化碳排放量比 2005 年降低 40%~50%[2]。

二氧化碳温室气体排放相关问题已经成为国内外政治界和学术界关注的热点之一[3]。国内外科学界正在积极研究开发清洁能源实现二氧化碳源头减排的同时，也在开展二氧化碳的大规模捕集与资源化利用的相关研究[4~8]。削减二氧化碳排放量或者合理转化利用二氧化碳资源，从而缓解温室效应，已成为世界人民的广泛共识。

二氧化碳是自然界物质循环的基本组分之一，另一方面更重要的是，二氧化碳分子中含有碳原子和氧原子，可作为碳的来源或合成其他有机物的原料，也可以对其分解用于制备氧气。火星大气是由 95.3% 的二氧化碳和 2.7% 的氮气组成[9]。火星大气具有丰富的二氧化碳是一种很好的一次资源。美国国家航空航天局（National Aeronautics and Space Administration，简称 NASA）自 20 世纪 60 年代首次实现火星探测开始，迄今为止，一共进行了 38 次火星探测，成功 17 次。火星的探测取得了大量有价值的成果。进入 21 世纪以来，美国、欧空局（European Space Agency，简称 ESA）等都实施了火星探测，并制定了详细的探测规划，目前已经完成发射的有美国的火星奥德赛轨道器号/机遇号探测器，火星侦察轨道器以及欧空局的火星快车等探测器，掀起了火星探测的又一次高潮。欧空局的火星探测计划中预计于 2033 实现载人登陆火星，正在探讨火星的长期改造与今后大量移民的前景，并且将在火星上建立观察站和实验室，探测火星资源。实现火星探测目标，其中关键技术之一就是制备氧气，必须在火星上实现自给自足，美国宇航局正在实验将火星大气中的二氧化碳转化为氧气和利用火星土壤获得氧气的技术。如果新技术能够成功，人类只需在火星表面散布可以产生氧气的“生态馆”，就能维持人类生存。最近，也有研究者正在努力研发将火星大气中的二氧化碳转化成氧气[10]。

综上所述，如何控制与减少二氧化碳排放量或有效利用二氧化碳资源是当前需要研究的重要课题。对二氧化碳进行资源化利用，既有利于缓解温室效应导致的全球气候变暖，也可以对火星大气或者富二氧化碳环境进行改造。因此，研究分解二氧化碳制备碳和氧气具有重要意义。

1.2 二氧化碳的结构及性质

二氧化碳（carbon dioxide），分子式为 CO_2，相对分子质量 44.01，其结构式为 O ═ C ═ O，为典型的直线型分子。C 原子的外层电子 $2s^22p^2$ 成键时受到激发发生 sp 杂化，形成两个 sp 杂化轨道，另外两个未参与杂化的 p 轨道仍保持其原来的状态。其中 C 原子的两个 sp 杂化轨道分别与两个 O 原子形成两个 σ 键。C 原子上两个未参加杂化的 p 轨道分别与 sp 杂化轨道相互垂直，并且从侧面同氧原子的 p 轨道分别肩并肩地发生重叠，形成两个离域 π 键。CO_2 分子中碳氧键键长为116pm，介于碳氧双键（乙醛中C＝O键长为124pm）和碳氧叁键（CO分子中 C≡O键长为112.8pm）之间，说明它具有一定程度的叁键特性。

CO_2的第一电离能为13.79eV，是一种弱的电子给予体，强的电子接受体，较难给出电子，不易形成CO_2^+，但容易获得一个电子形成CO_2^-。因此，CO_2难于氧化而易于还原[11,12]。

CO_2常温下是一种无色无味、无毒、不助燃、不可燃的气体，密度比空气大，略溶于水，与水反应生成碳酸。CO_2重要的物理化学性质如表1.1所示[13]。

表1.1 CO_2重要的物理化学性质

性质	CO_2
熔点	194.7K
沸点	216.6K
水溶性（298K，100kPa）	1.45g/L
密度（273K）	1.977g/L
黏度	0.064MPa·s
临界温度	304.06K
临界压力	7.383MPa
临界体积	10.6kmol/m^3
$\Delta G^\ominus$(298K)	-394.3kJ/mol
$\Delta H^\ominus$(298K)	-395.3kJ/mol
$S^\ominus$(298K)	213.6J/(K·mol)
键长	116pm
键能	531.4kJ/mol

从表1.1可以看出，在标准状态下，CO_2的密度为1.976g/L，大约是空气密度（1.29g/L）的1.5倍。空气中CO_2的正常含量是0.04%，当CO_2的浓度达到1%时会使人感到气闷、头昏、心悸；当CO_2的浓度达到6%以上时会使人神志不清、呼吸逐渐停止，以致死亡。

1.3 二氧化碳的资源化利用现状

CO_2是主要的温室气体，换个角度看，也是一种潜在的碳资源，可以考虑将它作为一种清洁廉价的碳源，对CO_2进行资源化利用。然而，CO_2是碳的最高价态氧化物，其化学性质极其稳定，在温和的条件下很难将其直接分解。尽管CO_2

被视为惰性，但是随着科技的不断进步，特别是化工合成技术、新型催化剂和电解技术的发展，为 CO_2 合成化工产品或分解制备碳和氧气等资源化利用创造了新的条件和可能。

1.3.1 二氧化碳合成有机化合物

CO_2 可作为有机物合成的重要原料。目前，用 CO_2 作为原料可以合成多种化学物质，如合成尿素、甲醇、无机碳酸盐、有机碳酸酯和水杨酸等。合成尿素主要是通过二氧化碳与氨反应，这已经是很成熟的工艺，是著名的 Bosch-Meiser 尿素反应。合成尿素所需的 CO_2 大约占工业上需求 CO_2 的 50%。另外，CO_2 还可以进行催化加氢反应合成甲醇[14]。图 1.3 是工业上使用 CO_2 的主要途径。

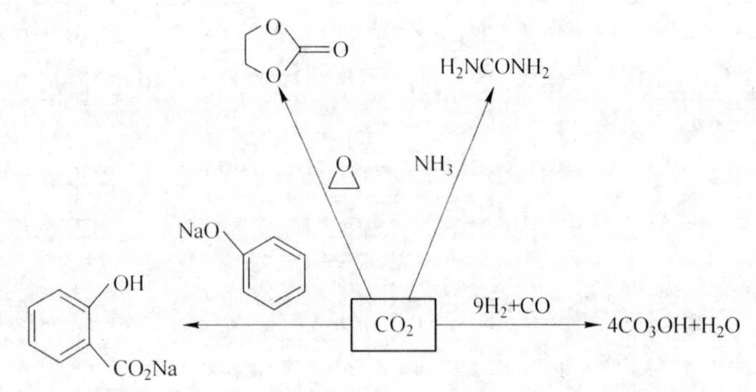

图 1.3 以 CO_2 为原料合成工业原料的主要途径[15]

现在可以用 CO_2 作为原料来合成更多的有机化合物。碳酸二甲酯（dimethyl carbonate，简称 DMC）是一种新型的环境友好的有机合成中间体，可以取代有毒物质光气（$COCl_2$）用于羰基化反应，也可以作为替代剧毒物质硫酸二甲酯（$C_2H_6O_4S$）的甲基化剂[16]。近年来，以 CO_2 为原料合成 DMC 吸引了许多研究者的关注。其中由 CO_2 和甲醇等物质通过一步反应直接合成 DMC 是一条颇具吸引力及挑战性的路线。由 CO_2 和甲醇合成 DMC 的关键步骤在于活化，而活化通常需要合适的催化剂。在催化剂作用下，甲醇离解为甲氧基阴离子，CO_2 对其 C—O 键进行插入从而达到活化的目的。Jiang 等[17]研究了在催化剂 $H_3PW_{12}O_{40}/ZrO_2$ 的作用下，CO_2 与甲醇在 373K 时可选择性地合成 DMC，并且得出低温下更有利于合成 DMC 的结论。La 等[18]报道了自行制备的 $Ce_xTi_{1-x}O_2$ 和 $H_3PW_{12}O_{40}/Ce_xTi_{1-x}O_2$ 催化剂用于催化 CO_2 与甲醇的反应合成 DMC，研究结果表明：$Ce_xTi_{1-x}O_2$ 相对于纯 CeO_2 和 TiO_2 表现出更高效的催化性能，而且催化剂 $H_3PW_{12}O_{40}/Ce_xTi_{1-x}O_2$ 相比 $Ce_xTi_{1-x}O_2$ 的催化性能更好。Bian 等[19]报道 Cu-Ni/石墨能有效催化 CO_2 与甲醇反应直接合成 DMC，在温度为 378K 和压力为 1.2MPa 最优条件下，催化剂的选择性高达 88.0%，DMC 合成的产率高达 9.0%。

1.3.2 二氧化碳的光催化还原

光催化还原CO_2的本质是在光诱导条件下通过光催化剂的作用，将CO_2转化为其他C1（含有1个碳原子）化合物（如甲酸、甲醇、甲醛、甲烷等）的还原反应过程[20]。光催化还原不仅反应条件温和，且直接利用太阳能，被称为“人工光合作用”，但其缺点是催化效率低。光电催化还原CO_2机理是模拟植物的光合作用，CO_2首先吸附在催化材料的反应位点，同时光催化剂受光照激发产生光生电子（e^-）；在氢源（如H_2O）存在的条件下，CO_2被光生电子以及质子还原成不同的产物[21,22]。自1979年Inoue等[23]发现TiO_2光催化CO_2现象以来，TiO_2作为光催化剂在催化还原CO_2领域获得了迅速的发展[24]。之后大量的研究表明，半导体材料，如金属氧化物（TiO_2、ZnO、ZrO_2、WO_3、CdO）和硫化物（ZnS、CdS）等都具有光催化活性[25]。CO_2在TiO_2催化剂材料上的光催化还原过程具体如下：

$$H_2O + h^+ \longrightarrow OH^{\cdot} + H^+ \tag{1.1}$$

$$H^+ + e^- \longrightarrow H^{\cdot} \tag{1.2}$$

$$CO_2 + e^- \longrightarrow CO_2^{\cdot -} \tag{1.3}$$

$OH^{\cdot}$、$H^{\cdot}$和$CO_2^{\cdot -}$可进一步参与反应最终生成烃、醇或酸等物质。光催化还原CO_2为碳氢燃料过程如图1.4所示。

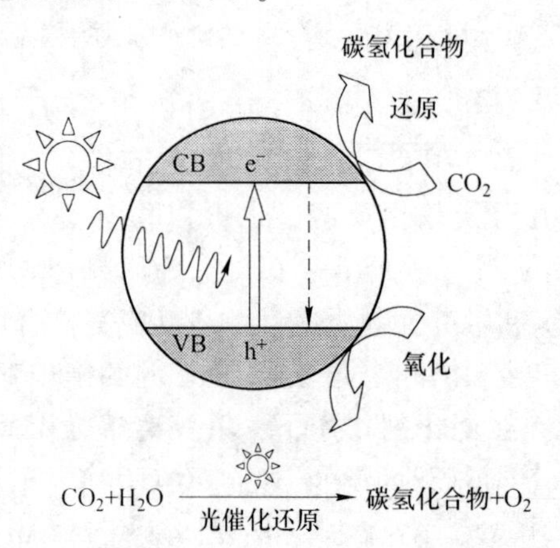

图1.4 光催化还原CO_2为碳氢燃料示意图[25]

Teramura等[26,27]研究发现在固态ZrO_2、Rh/TiO_2、MgO和Ga_2O_3等催化剂作用下CO_2可被氢气或CH_4还原为CO。光催化还原反应的决定性因素是CO_2的表面吸收反应。该研究小组还报道了1073K温度下灼烧的β-Ga_2O_3对CO_2还原为CO具有良好的光催化活性，且反应符合Langmuir-Hinshelwood机理。Yan等[28]以介孔$NaGaO_2$胶体为模板，采用离子交换法，在室温下成功合成了$ZnGa_2O_4$介孔光催化材料，并用于 CO_2 光催化还原，实现了将 CO_2 转化为燃料 CH_4，而且 CH_4 产量显著增加。

1.3.3 二氧化碳的电化学还原

CO_2 电化学还原的研究主要是在无机盐水溶液中进行。在水溶液中电化学还原 CO_2 遇到的主要问题是质子（H^+）的干扰，因此，电极材料最好选择那些具有高的氢过电位的金属（如 Pb、Hg、Sn、In 等）[29]。水溶液中 CO_2 电化学还原反应可按表 1.2 中的化学反应式①~⑦进行。只有输入的能量符合对应反应的热力学势能 $E^{\ominus}$，才有可能驱动反应进行，产生对应的反应产物[30]。

表 1.2 CO_2 选择性还原反应

反应式	$E^{\ominus}$(vs. SHE)/V	
$CO_2(g) + 8H^+ + 8e^- \longrightarrow CH_4(g) + 2H_2O$	-0.24	①
$CO_2(g) + 6H^+ + 6e^- \longrightarrow CH_3OH(aq) + H_2O$	-0.38	②
$CO_2(g) + 4H^+ + 4e^- \longrightarrow HCHO(aq) + H_2O$	-0.48	③
$CO_2(g) + 2H^+ + 2e^- \longrightarrow CO(g) + H_2O$	-0.53	④
$CO_2(g) + 2H^+ + 2e^- \longrightarrow HCOOH(aq)$	-0.61	⑤
$2CO_2(g) + 2H^+ + 2e^- \longrightarrow H_2C_2O_4(aq)$	-0.90	⑥
$CO_2(g) + e^- \longrightarrow CO_2^{\cdot -}$	-1.90	⑦

1969 年，Paik 等[31]在 pH 值为 6.7 的 $LiHCO_3$ 水溶液中采用 Hg 金属电极还原 CO_2，并首次对机理进行了深入研究。Szklarczyk 等[32]报道了在电催化还原 CO_2 的过程中，首先产生的是 $CO_2^{\cdot -}$ 中间体，再进一步还原成为有机物。然而，阴极上要生成 $CO_2^{\cdot -}$ 需要施加较负的电位（-2.21V(vs. SCE)），过电位相对较大。其电还原 CO_2 示意图如图 1.5 所示。

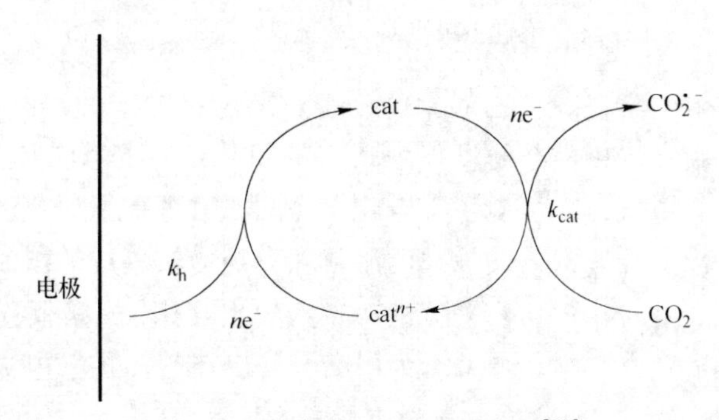

图 1.5 电化学还原 CO_2 示意图[20]

Le 等[33]研究了 Cu_2O 作为薄膜电极材料，在 CO_2 饱和的 $KHCO_3$ 水溶液中还

原 CO_2 为 CH_3OH。Stevens 等[34]同样在 $KHCO_3$ 水溶液中用多孔 Au 薄膜还原 CO_2 得到的是 CO 产物。Ikeda 等[35]研究了一系列金属电极用于电化学还原 CO_2，结果表明：In、Pb 和 Hg 电极上电化学还原 CO_2 得到的产物是甲酸；Zn、Au、In、Cu 金属电极在四烷基锰盐水溶液中阴极还原 CO_2 得到 CO，而在 Pb、Hg 和 Tl 电极上还原 CO_2 得到草酸。Hori 等[36]报道了在一系列 Cu 单晶电极上电化学还原 CO_2 为 C2（含有两个碳原子）化合物。Hoshi 等[37~39]报道了一系列 Pt 单晶表面上 CO_2 还原动力学，研究发现 Pt（532）对 CO_2 的还原显示出更高的反应活性，并且还原速率随着 Pt(S)-[3(111)/(100)]表面原子密度的增加而递增。Eneau-Innocent 等[40]利用金属 Pb 作电极，在含有四乙胺高氯酸盐和碳酸丙烯的(TEAP-PrC）碱性电解液中，还原 CO_2 得到还原产物主要是甲酸盐，CO_2 的开始还原电位为-2.05V（vs. Ag/AgCl）。Hg 和 Pb 是最接近的电极材料，而且对 CO_2 的化学还原没有干扰，但是在电催化还原 CO_2 过程中可以生成三种产物，即草酸、CO 和甲酸。Costentin 等[41]描述了 CO_2 的电化学还原过程，如图 1.6 所示。

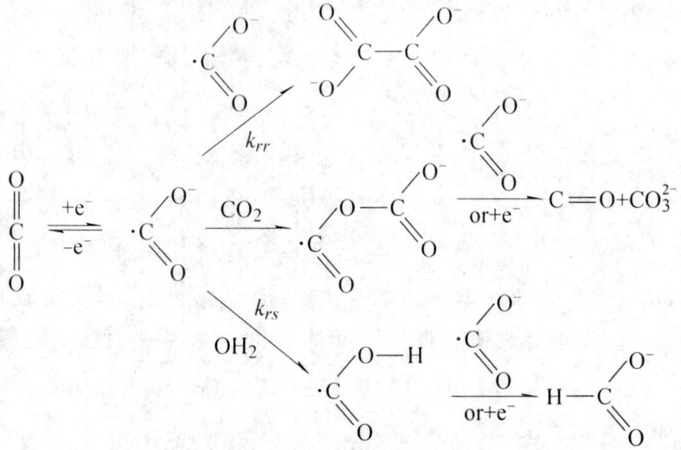

图 1.6 惰性电极上 CO_2 的选择性还原过程[41]

在水溶液中电化学还原 CO_2 遇到的一个难题就是 CO_2 的溶解度很低[42]，标准状态下二氧化碳在水中的溶解度仅为 0.033mol/L。为了增加 CO_2 还原的电流密度和效率，研究者对气体扩散电极上电化学还原 CO_2 进行了研究，气体扩散电极可以克服固体电极上还原 CO_2 的最大电流密度受到物质传递的限制，能在高电流密度下使用[43,44]。Kopljar 等[45]研究了 Sn-乙炔黑-石墨-聚四氟乙烯混合粉末组成的气体扩散电极上电化学还原 CO_2 为甲酸，得出在气体扩散电极上最大电流密度能达到 $200mA/cm^{-2}$，法拉第电流效率接近 90%。但是，气体扩散电极主要存在剥离和渗液，长时间运行后气体扩散电极的寿命和性能都将降低。

目前，CO_2 的电化学还原研究主要是集中在电极材料方面，根据电极材料的不同主要可以分为以下几个方面：在金属电极上电化学还原 CO_2；金属气体扩散电极上电化学还原 CO_2；修饰金属电极上电化学还原 CO_2[46]；半导体及修饰半导体电极上电化学还原 CO_2。将来 CO_2的电化学还原将更多地集中在采用有机溶剂溶解 CO_2，并且利用低温技术；采用气体扩散电极来增大 CO_2的压强促进电化学还原反应；研究高效的分离技术，使电化学还原产物能及时从反应体系中分离出来。

1.4 熔盐电化学分解二氧化碳的研究

早在 19 世纪，已有不少科学家在熔盐电化学领域中取得了辉煌的成就，如 Davy 从碱金属氯化物熔盐中得到碱金属，Faraday 用卤化铅熔体建立了电解定律，Hall 和 Héroult 发明电解制备铝[47,48]。至 20 世纪，熔盐电化学在科学技术中发挥了很大的作用，广泛用于能源（如熔融碳酸盐燃料电池，MCFC）、化合物材料的制备（如 Ta_2B_5、NbB_2），以及制取金属与合金等方面。熔融盐是一种很好的电化学与化学反应介质，具有电化学窗口宽、电导率高、液态温度范围宽等优点，在电化学冶金、电池、材料制备及 CO_2的减排与资源化等方面都具有广泛的用途[49]。

电化学还原 CO_2制备含碳化合物在热力学上是可行的，是一条转化与资源化利用 CO_2的简单快速有效的方法。但是，由于 CO_2分子在水溶液中溶解度较低且为中性分子，所以在常规水溶液中较难被电化学还原。与水溶液中电化学还原二氧化碳相比，在熔盐中还原 CO_2具有以下优点：

（1）CO_2的溶解度比在水中的大；

（2）可以抑制 CO_2还原的竞争性反应（如水溶液中 H^+的还原）；

（3）熔盐作为一种特效的溶剂可以更好地吸收 CO_2。

另外，熔盐在热力学上稳定性高，电化学窗口宽，黏度低，离子导电率高，扩散系数大，传质过程和动力学反应速度快，因此更适合作为电化学介质用于实现电化学还原 CO_2。

1.4.1 二氧化碳还原为一氧化碳

与水溶液中电化学还原二氧化碳为一氧化碳相比，熔盐电化学还原法还原二氧化碳为一氧化碳是一种更为简单、有效的方法。目前，以熔盐为反应介质将二氧化碳转化为一氧化碳已有研究。以色列 Kaplan 等[50,51]在 1173K 的碳酸锂熔盐体系中电解将 CO_2转化为燃料 CO，电流密度高达 $100mA/cm^2$，电流效率接近 100%。Peele 等[52]提出 CO_2的还原过程分两步进行，并有中间物质 CO_2^{2-}存在。Chery 等[53]认为在 62% Li_2CO_3-38% K_2CO_3（摩尔分数）和 52% Li_2CO_3-48% Na_2CO_3

(摩尔分数)熔盐体系中可以将CO_2电化学还原为CO。

1.4.2 二氧化碳还原为固体碳

熔盐中电化学转化二氧化碳为碳的过程主要还是在含有碱金属的碳酸盐熔盐中进行。早在1966年，Ingram等[54]就报道了在熔融碳酸盐中电化学沉积碳的方法，发现在含有碳酸根离子和锂离子（CO_3^{2-}和Li^+）的熔盐中可以电沉积得到碳。用这种方法制备碳材料时所用的电解质体系可以是纯的碳酸盐，也可以是碳酸盐与氯化物或氟化物的混合电解质熔盐。Kaplan等[55]开发了大规模电解还原制备碳粉的方法，在723K的熔融$(Li\text{-}Na\text{-}K)_2CO_3$共晶熔盐中电沉积得到碳粉，并在不同电位下电解得到三种不同形态的碳粉末，分别由石墨化碳、无定型碳和碳纤维组成，粉末粒径为40~80nm，而且沉积碳的比表面积与沉积电位有关，在更正的沉积电位下比表面积更大，最大比表面积高达$850m^2/g$。这些碳粉作为锂离子电池负极材料时，其可逆容量可达1100mA·h/g，显著高于目前商用碳负极材料的可逆容量。

近年来，有很多研究者报道通过熔盐电化学还原碳酸根离子为固体碳和氧离子[56~58]来实现间接转化二氧化碳为碳[56,59~63]，碳酸根离子的还原反应过程如式（1.4）所示。还原过程生成的氧离子与二氧化碳反应可以重新生成碳酸根离子如式（1.5）所示，从而实现二氧化碳的间接还原[64]。

$$CO_3^{2-} + 4e^- \longrightarrow C + 3O^{2-} \tag{1.4}$$

$$CO_2 + O^{2-} \longrightarrow CO_3^{2-} \tag{1.5}$$

王宝辉等[65]报道了通过电解高温熔融Li-Na-K混合碳酸盐制取碳燃料，并由中间产物Li_2O、Na_2O、K_2O吸收空气中CO_2使碳酸盐电解质再生，从而形成一个完美的良性循环，最终将CO_2转化为碳燃料。这为二氧化碳的资源化利用提供了一种新的途径。

1.4.3 二氧化碳还原为碳的机理

熔盐电化学还原二氧化碳为碳的过程，目前存在以下两种机理：直接电化学还原二氧化碳为碳和间接还原二氧化碳为碳。

1.4.3.1 直接还原二氧化碳为碳

直接还原二氧化碳的机理是二氧化碳溶解在熔盐电解质体系中，在阴极上直接被还原为单质碳。最早日本有过报道，在压力为0.203MPa下直接电解CO_2，生成碳和氧离子，反应按式（1.6）进行。

$$CO_2 + 4e^- \longrightarrow C + 2O^{2-} \tag{1.6}$$

最近Novoselova等[66~68]报道了一种由电化学-化学-电化学三步过程组成的

CO_2还原机理。该机理反应过程包括三个步骤，见反应式（1.7）~式（1.9），CO_2首先还原为中间产物CO_2^{2-}，CO_2^{2-}是一种不稳定的物质，可离解出氧离子（O^{2-}）并形成CO，之后CO进一步还原生成产物C。

$$CO_2 + 2e^- \longrightarrow CO_2^{2-} \tag{1.7}$$

$$CO_2^{2-} \longrightarrow CO + O^{2-} \tag{1.8}$$

$$CO + 2e^- \longrightarrow C + O^{2-} \tag{1.9}$$

Novoselova 等在 NaCl-KCl 摩尔比为 0.50 : 0.50 的熔盐体系中，采用循环伏安法研究 1.0MPa 压力的CO_2还原过程时证明了上述的机理。

1.4.3.2 间接还原二氧化碳为碳

间接还原二氧化碳大多数是在碱金属或碱土金属的碳酸盐中进行。在含有碳酸盐的熔盐体系中会存在如式（1.10）的平衡反应，M 代表碱金属或碱土金属的任意一种金属。其中，碳酸根离子还原为碳的过程可以按三种方式进行。第一种是碳酸根离子被一步直接还原为碳的过程，如式（1.4）所示，该反应无论是在有无CO_2存在的条件下都将发生涉及四个电子转移的还原过程[54~58]。第二种是碳酸根离子的还原也可以分两步进行，可能涉及有CO_2^{2-}中间产物的生成，如反应式（1.11）和式（1.12），中间产物CO_2^{2-}可以被认为是由一个 CO 分子和一个氧离子组成的[69]。第三种是碳酸根离子也可以间接地被事先通过还原碱金属离子得到的碱金属还原，如反应式（1.13）和式（1.14）所示。Deanhardt 等[70]采用线性伏安法研究了773K 的 LiF-NaF-KF-K_2CO_3熔盐体系中 Pt 电极上的电化学行为，发现在阴极极限之前并没有发现碳酸根离子还原对应的电流峰，由此认为碳酸根离子未被直接电化学还原，而是先发生碱金属离子得到电子还原为碱金属的反应，析出的碱金属再进一步与碳酸根离子发生化学氧化还原反应，生成碳和金属氧化物。

$$M_xCO_3 \longrightarrow M_xO + CO_2 (x = 1,\ 2) \tag{1.10}$$

$$CO_3^{2-} + 2e^- \longrightarrow CO_2^{2-} + O^{2-} \tag{1.11}$$

$$CO_2^{2-} + 2e^- \longrightarrow C + 2O^{2-} \tag{1.12}$$

$$M^{x+} + xe^- \longrightarrow M \tag{1.13}$$

$$2xM + M_xCO_3 \longrightarrow C + 3M_xO \tag{1.14}$$

在碳酸根离子的三种电化学还原过程中，多数研究者认为碳酸根离子的还原反应过程是按反应式（1.4）进行的，反应生成相应的产物碳和氧离子[54,56,59,71,72]。在电化学还原过程中生成的氧离子与熔盐表面的二氧化碳按式（1.5）反应形成碳酸根离子[56,57]。因此，二氧化碳可以通过电解熔融碳酸盐间接地转化为固体碳。然而，在电解过程中，碳酸根离子也有可能按式（1.15）电化学还原生成 CO[73]。

$$CO_3^{2-} + 2e^- \longrightarrow CO + 2O^{2-} \tag{1.15}$$

1.4.4 二氧化碳分解制备氧气

关于分解 CO_2 制备氧气方面的研究，Hasegawa 等[74]报道了通过 F_2 分解 CO_2，得到氧气和碳酰氟，如反应式（1.16）所示，该反应在室温下可自发进行（$\Delta G_{298K} = -220kJ/mol$），但是反应速度较慢，$O_2$ 产率最高也仅为 11.1%，且 COF_2 产物不稳定，会按式（1.17）发生分解。

$$CO_2 + F_2 = COF_2 + 0.5O_2 \tag{1.16}$$

$$2COF_2 = CF_4 + CO_2 \tag{1.17}$$

Braiman 等[75]报道以 Br_2 为催化剂，CO_2 首先和 Br_2 发生光化学反应，先后形成中间产物 CO_2Br_2 和 $C_2O_4Br_4$，光照下 $C_2O_4Br_4$ 进一步发生变体，而后光解为 C、O_2 和 Br_2，反应过程如图 1.7 所示。该方法缺点是分解率低，CO_2 和 Br_2 反应需要在加压液化态下进行，反应后分离 Br_2 过程复杂。

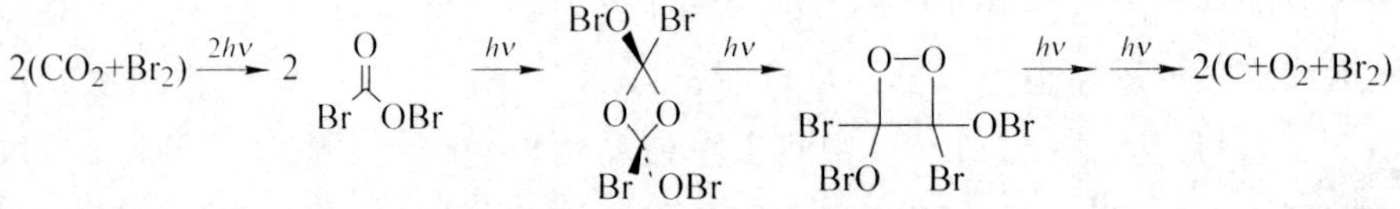

$$2(CO_2+Br_2) \xrightarrow{2h\nu} 2\,\text{I} \xrightarrow{h\nu} \text{II} \xrightarrow{h\nu} \text{III} \xrightarrow{h\nu} \xrightarrow{h\nu} 2(C+O_2+Br_2)$$

图 1.7 Br 光催化 CO_2 制备氧气[75]

随着人类深空探测技术的发展，人类登上火星不再遥远，为提供人类探测活动需要的氧气，近年来，电解 CO_2 或火星大气资源制备氧气得到了广泛的研究[10,76~79]。NASA 已经启动了一些项目的研究，通过固体氧化物电解池用 Pt 或 Ni 陶瓷电极研究 CO_2 电解制备氧气[80,81]。Sirdahar 等[10]报道了利用火星大气资源 CO_2 采用固态氧化物电解制备氧气，制备的氧气可用于人类登月和探测火星活动。固体氧化物电解槽中电解 CO_2 的机理如图 1.8 所示。

1.4.5 熔盐电解质体系的研究

不同熔盐电解质组成对阴极和阳极反应过程将会有一定的影响。Ingram 等[54]发现在 Na_2CO_3-K_2CO_3 的熔盐中无法电沉积得到 C，但是在 Li_2CO_3-Na_2CO_3-K_2CO_3 的熔盐中，或者是纯 Li_2CO_3 熔盐中都可以电沉积得到 C，认为只有当存在 Li^+ 的情况下，才能从含有碳酸根离子的熔盐中电沉积得到碳。Ijije 等[82]研究了分别在 Ar、CO_2 和 N_2-CO_2 气氛条件下，温度分别为 773K 和 1123K 的 $CaCl_2$-$CaCO_3$-LiCl-KCl（摩尔比为 0.30：0.17：0.43：0.10）和 Li_2CO_3-K_2CO_3（摩尔

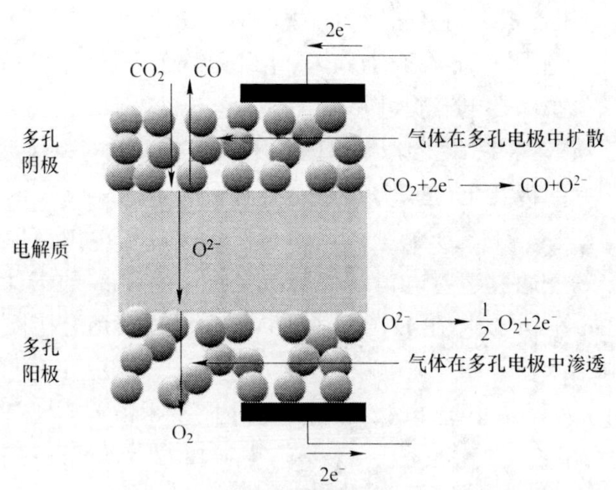

图 1.8 固体氧化物电解槽电解 CO_2的机理[79]

比为 0.62∶0.38）的熔盐体系中电沉积碳和沉积碳的再氧化过程，认为在 Ni、Pt 和低碳钢三种电极上都可以由碳酸根离子电化学还原得到碳，而且熔盐体系在 CO_2气氛下沉积碳的速度更快。Ijije 等[83]在仅含有碳酸盐 Na_2CO_3、K_2CO_3和 Na_2CO_3-K_2CO_3而且不存在 Li_2CO_3的熔盐电解质体系中，应用 4V 的电压进行电解并没有沉积得到碳。因此，认为在碳酸盐熔盐体系中电解要电沉积得到碳需要有 Li_2CO_3的存在。

然而，Song 等[84~86]在 LiCl-KCl 熔盐体系中添加 K_2CO_3作为碳源，分别在 Ti 电极和 304 不锈钢电极上电沉积得到了 Ti-TiOC-C 和 Cr-O-C 的碳膜。Lv 等[87]将镀有 Cr 的 304 不锈钢用作电极，在 Na_2CO_3-NaCl（摩尔比为 0.20∶0.80）的熔盐中恒电流电解，通过还原碳酸根离子成功得到了碳化铬涂层。Massot 等[57,88]研究了氟化物熔盐体系中电沉积碳膜，在 LiF-NaF 熔盐体系中通过添加 Na_2CO_3，并且用 CO_2作为碳酸根离子的来源，成功电解得到了碳膜。虽然在没有碳酸锂存在的熔盐体系中电解也能够得到碳，但是通过热力学计算表明碳酸锂比碳酸钾和碳酸钠更有利于碳酸根离子的还原[58,89]。

1.4.6 电极材料的研究

1.4.6.1 阴极材料

阴极材料对电沉积碳和沉积碳的形貌都有一定的影响。Dimitrov[90]研究了在 Li_2CO_3熔盐体系中电解制备碳纳米管，并且研究了电解质组成、温度和阴极过电位对产物形貌的影响。Dimitrov[90]确定电解 973K 的 LiCl+Li_2CO_3（摩尔比为 0.95∶0.05）在石墨和钼阴极上可以沉积得到碳，但是不能得到碳纳米管。然而，Kaplan 等[50] 报道了采用钛阴极和石墨阳极在 1173K 的 Li_2CO_3 熔盐中电解转化 CO_2，研究表明在阴极上并没有沉积得到碳，而是产生了 CO。Dimitrov 和 Kaplan 两人的研究虽然在电解质组成和电解气氛方面有所不同，但造成电解产物的不同是由电解质或气氛引起的似乎可能性不大。其主要的原因可能还是由于电极材料的不同引起的极化电位差别或者由于温度的影响。Le Van 等[58] 在 723~973K 的 Li_2CO_3-K_2CO_3-Na_2CO_3 熔盐体系中采用玻碳电极电解还原碳酸根离子成功制备了碳纳米粉，通过透射电镜观察到粒径小于 100nm 的碳球形颗粒，如图 1.9 所示。Kaplan 等[72] 同样在 Li_2CO_3-K_2CO_3-Na_2CO_3 三元熔盐体系中用镍电极电沉积得到了碳纳米管。

电沉积碳的过程在其他电极材料也有研究，如 W[59]、Mo[90]、Ti[50]、Al[56]、Cu[71]、Ni[72,82,91]、Ag[91]、Au[57,69]、Pt[63,70,82]、玻璃碳[55] 等电极材料。

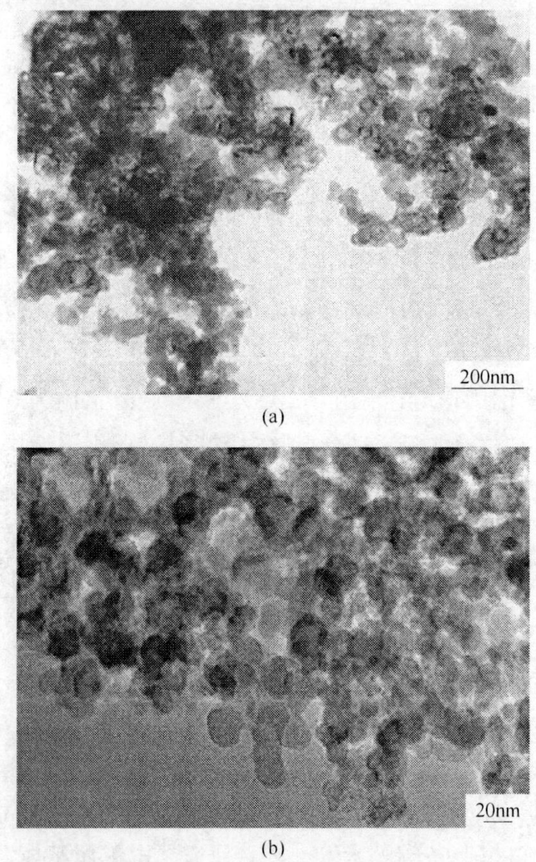

图 1.9 在 723K 的 Li_2CO_3-K_2CO_3-Na_2CO_3 熔盐体系电沉积得到的碳纳米粉在温度为 673K 和 2273K 下煅烧后的透色电镜图（电位为-4.0V）[58]

（a）673K；（b）2273K

1.4.6.2 阳极材料

目前高温熔盐体系电解一般以碳（炭素材料）作为阳极，在含氧离子的熔盐体系中碳材料会消耗，阳极反应会产生 CO_2、CO 及一些碳化物，而在不含氧离子的高温熔盐体系中碳阳极稳定性较高。因此，高温熔盐体系中用惰性阳极电解主要针对含有氧离子的电解质。选择用于高温熔盐电解质体系的惰性阳极的关键是要能够承受高温，具有良好的导电性和稳定性，而且必须是惰性不参与任何的化学溶解反应[92]。不像阴极表面沉积有碳，阳极表面通常是暴露在电解质熔盐中。目前人们主要致力于研究铝电解用惰性阳极[93~96]，对金属[97~99]、陶瓷[100]、金属陶瓷复合材料[101]三类惰性阳极进行了大量的研究。然而，在碳酸盐或含碳酸盐的熔盐体系中电沉积碳时，所用的阳极材料并未得到关注。Yin 等[61,102]研究了 Ni、Fe、Cu、Pt、Ir、SnO_2 和 $Ni_{10}Cu_{11}Fe$ 合金不同阳极材料在 773K 的 Li_2CO_3-Na_2CO_3-K_2CO_3熔盐体系中的电化学行为。结果发现 Fe 和 Ni 电极会发生电化学溶解，Cu 电极表面上会形成一层 CuO 薄膜，电极的直径并未发生明显变化。用 $Ni_{10}Cu_{11}Fe$ 合金阳极电解 2h 后发现在电极表面有腐蚀的凹点，然而，用 SnO_2作阳极长时间电解 500h，观察电极并未发生任何变化。Hu 等[103]利用 $RuO_2 \cdot TiO_2$作为阳极材料在 $CaCl_2$-CaO 熔盐体系中电化学转化 CO_2得到了氧气，但未对阳极反应过程进行深入的研究。Ijije 等[83]研究同样发现 SnO_2阳极用于 Li_2CO_3-K_2CO_3熔盐体系的电解是相当稳定的，但是 SnO_2电极由于抗热震性能差很容易破裂，而且，SnO_2电极电阻较大导电性能差，电解时引起电压损失，导致电能消耗增大。在熔融碳酸盐燃料电池中一般采用金属镍或其合金作为阳极材料。镍基合金在熔融碳酸盐熔盐体系中具有良好的抗氧化和耐腐蚀性能，且价格相对低廉，是比较理想的备选材料，作者所在课题组已对镍基合金作为铝电解惰性阳极的可能性进行过详细研究，发现其稳定性依赖于温度和熔盐中氧化铝的浓度，是可开发的惰性阳极材料。

1.5 研究内容及意义

二氧化碳的大量排放造成了全球气候和环境的恶化，促进了可再生能源、清洁能源和节能减排的发展。探索和开发二氧化碳固定与资源化技术是实现减少二氧化碳排放以及降低大气中二氧化碳浓度的有效途径之一。将二氧化碳作为碳源，对二氧化碳进行转化与资源化利用，使大气中排放的二氧化碳实现良性循环，既能应对温室效应，又可减少对环境的破坏作用。另外，火星大气环境中主要成分是二氧化碳，人类将来探测火星、在火星上活动甚至移居火星都需要赖以生存的氧气。此时，火星大气中的二氧化碳将是一种丰富的一次资源，可原位电解火星大气中的二氧化碳，将其进行分解制备氧气。因此，研究将二氧化碳分解为碳和氧气具有重要意义。高温熔盐是一种良好的离子导体及优良的电化学反应媒介，具有液态温度范围宽、电导率高、热熔大、电化学窗口宽和高温反应动力学速度快等特点，近年来广泛用于电解制备一些水溶液中无法电解制备的金属。利用熔盐电解质作为分解二氧化碳的介质，相对于水溶液中电解二氧化碳同样具有诸多优点，如二氧化碳在熔盐体系中的溶解度高，在熔盐介质中比水溶液中电解二氧化碳时电导率大等。基于在高温熔盐介质中电解的优点，以及作者所在课题组多年来致力于研究铝电解用惰性阳极，本书以减排降碳为目的和开发火星原位制氧技术为思路，对熔盐电化学分解二氧化碳制备碳和氧气开展研究，探索以高温熔盐为反应介质电化学分解二氧化碳制备碳和氧气的新技术。

本书主要研究内容如下：

(1) 研究碳酸根离子的阴极还原过程，以 48.55% LiF-50.25% NaF-1.20% Li_2CO_3（质量分数）熔盐体系为研究对象，采用循环伏安、方波伏安、计时电位等常规电化学研究方法对熔盐体系中碳酸根离子的电化学还原过程进行深入的研究；判断碳酸根离子在镍电极上的电化学反应性质，揭示碳酸根离子还原为碳的电化学反应机理，为卤化物-碳酸盐熔盐体系电化学分解 CO_2 提供理论基础。

(2) 研究在 LiF-Li_2CO_3 共晶熔盐体系中，采用熔盐电解法分解 CO_2 制备碳膜，实现 CO_2 的资源化利用。主要研究在金属镍和钼基体上沉积碳膜，通过 SEM 观察基体与碳膜层之间的结合形态；并在不同电位下电解，通过 SEM 观察沉积碳膜的形貌；采用计时电流法研究碳的成核机理，为熔盐电化学分解 CO_2，在阴极上实现碳的沉积奠定基础。

(3) 对阳极析氧行为进行研究。研究铁镍合金阳极在 LiF-Li_2CO_3 共晶熔盐体系中电解时阳极表面氧化膜的形成过程；研究 Pt 电极在 LiF-KF-Li_2CO_3 熔盐体系中的阳极行为，提出在 Pt 阳极上析氧过程的反应机理，通过对比理论分析和实验数据得出 Pt 电极在 31.57%LiF-67.93%KF-0.5%Li_2CO_3（质量分数）熔盐体系中析氧过程的速度控制步骤；并通过透明槽实验观测阴极室和阳极室在电解过程中的变化情况，为熔盐电化学分解 CO_2 制备氧气提供理论基础和技术支持。

(4) 研究 95.0%LiCl-5.0%Li_2O（质量分数）熔盐体系中电解 CO_2 制备碳和氧气。研究在不含碳酸盐的熔盐体系中电解，通过在含有碱金属氧化物的氯化物体系中电化学转化 CO_2，确定 CO_2 在熔盐电解质中能被有效地吸收并转化为碳酸盐，在电解过程能有效地转化为碳和氧气，实现 CO_2 熔盐电化学转化为碳和氧气的目标。

2 实验研究方法

2.1 实验原材料与设备

实验所涉及的化学试剂和材料见表 2.1。实验过程原料的准备及使用方法将在各章节中进一步加以说明。

表 2.1 实验过程主要的化学试剂和材料

药品与材料名称	化学式	规格	生产商
氯化锂	LiCl	无水级，AR，≥99.0%	阿拉丁/上海晶纯生化科技股份有限公司
氟化锂	LiF	AR，99%	阿拉丁/上海晶纯生化科技股份有限公司
氟化钠	NaF	GR（沪试）	国药集团化学试剂有限公司
氟化钾	KF	GR，粉末，99.5%	阿拉丁/上海晶纯生化科技股份有限公司
氧化锂	Li_2O	97%，粉末	阿拉丁/上海晶纯生化科技股份有限公司
碳酸锂	Li_2CO_3	AR（沪试）	国药集团化学试剂有限公司
盐酸	HCl	分析纯	国药集团化学试剂有限公司
乙醇	C_2H_5OH	分析纯	国药集团化学试剂有限公司
二氧化碳	CO_2	高纯，≥99.999%	沈阳四方台气体有限公司
氩气	Ar	高纯，≥99.999%	沈阳四方台气体有限公司
石墨棒	C	高纯，≥99.99%	沈阳科金新材料有限公司
石墨坩埚	C	高纯，≥99.99%	沈阳科金新材料有限公司
钨丝	W	（ϕ1.0mm）≥99.95%	厦门虹鹭钨钼工业有限公司
钼片	Mo	≥99.95%	宝鸡旭禾金属有限责任公司
钛片	Ti	≥99.95%	宝鸡市中宝泰金属有限公司
铂丝/铂片	Pt	（ϕ1.0mm）99.99% （ϕ0.5mm）99.99% 2.0mm×3.0mm	沈阳东创贵金属材料有限公司
不锈钢坩埚	/	$\phi_{外}$63mm，$\phi_{内}$51mm，$h_{外}$106mm	定制加工
刚玉套管	Al_2O_3	纯度 99%	四川德阳耐火材料有限公司
纯铁	Fe	纯度 99.7%	山西亚欧特金属材料有限公司
镍	Ni	纯度 99.98%	沈阳天众电工合金有限公司

注：CR 为化学纯，AR 为分析纯，GR 为光谱纯。

实验过程中所用到的主要仪器设备见表 2. 2。

表 2. 2 实验主要仪器设备

仪器名称	型号/规格	生产厂家
电化学工作站	AUTOLAB PGSTAT 30	瑞士万通有限公司
手套箱	PRS219/01523-4	布劳恩惰性气体系统（上海）有限公司
电阻炉	YFF6	上海意丰电炉厂
温度控制仪	CKW-3100	北京市朝阳自动化仪表厂
直流稳压电源	YK-AD15010	广州邮科网络设备有限公司
真空干燥箱	DZF-6050	上海善志仪器设备有限公司
真空感应熔炼炉	ZG-0. 01	锦州中真电炉有限责任公司
超声波洗涤仪	SK2200HP	上海科导超声仪器有限公司
电子天平	BSA124S	赛多利斯科学仪器（北京）有限公司
气相色谱仪	GC9800	上海科创色谱仪器有限公司
拉曼光谱仪	HR800	法国 HORIBA Jobin Yvon 公司
X 射线衍射仪	MPDDY2094	荷兰帕纳科公司
扫描电子显微镜	SSX-550	日本岛津公司
场发射分析扫描电镜	Ultra Plus	德国蔡司公司

2.2 实验装置

电化学实验装置图如图 2. 1 所示。实验采用硅碳棒式电阻炉加热来提供实验

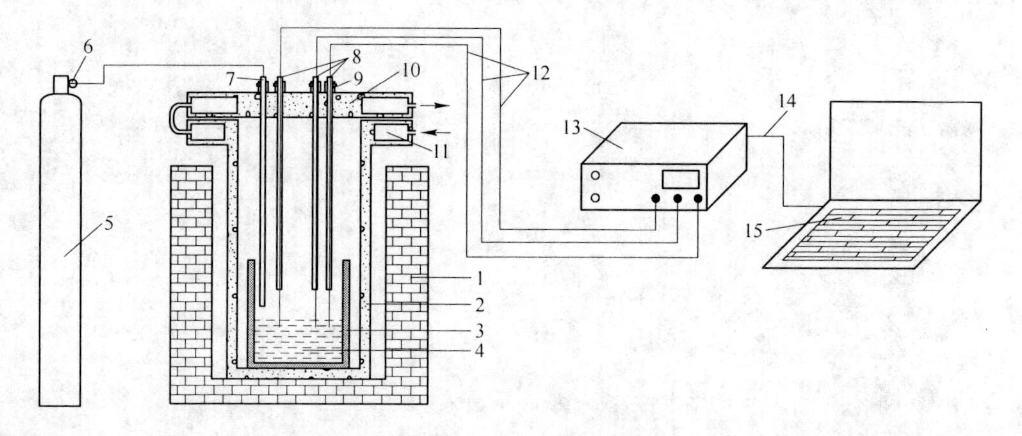

图 2. 1 电化学实验装置示意图

1—电阻炉；2—不锈钢坩埚；3—高纯石墨坩埚；4—熔盐电解质；5—气瓶；6—控制气阀；7—通气管；8—电极；9—电极固定螺丝；10—不锈钢坩埚盖；11—冷却水；12—电极导线；13—电化学工作站；14—数据传输线；15—电脑

所需的温度。通过 CKW-3100 型温度控制仪控制实验温度，电阻炉最高温度可达 1473K。电化学测试过程中采用高纯石墨坩埚盛装熔盐电解质，实验前用超声波洗涤仪清洗石墨坩埚，除去石墨坩埚表面及内壁的油渍和碳粉，在干燥箱中干燥 24h 后备用。

电化学测试采用三电极体系，通过 AUTOLAB PGSTA30+BOOSTER20A 电化学工作站测试电极反应过程。测试用的电化学工作站如图 2.2 所示。

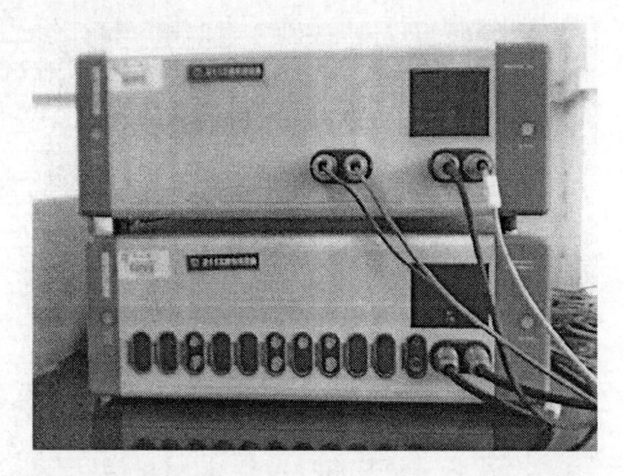

图 2.2 实验仪器（AUTOLAB 和 BOOSTER20A 扩展）

电化学工作站的主要性能参数如下：

支持的电极体系：2、3 或 4 电极；

扫描电位范围：±10V；

最大输出电压：±20V；

最大输出电流：±2A（加 BOOSTER 20A 模块可扩展至±20A）；

电流范围：10nA~2A（共九档）；

恒电位仪带宽：>1MHz；

控制软件：General Purpose Electrochemical Analysis Software（GPES）和 Frequency Response Analysis（FRA）；

电化学技术：DC 直流技术、AC 交流伏安、电化学交流阻抗；

特别功能：可设置为动态 iR 补偿。

2.3 电化学测试方法

实验过程主要采用的方法有循环伏安法、方波伏安法、恒电流计时电位法和计时电流法。循环伏安法是电化学技术中最常用的方法之一，也是本书中使用最多的电化学测量方法之一。

2.3.1 循环伏安法

循环伏安法（cyclic voltammetry，CV）是电化学测量方法中应用最为广泛的一种。CV 法可以探测物质的电化学活性、测量物质的氧化还原电位、考察电化学的可逆性和反应机理，以及用于反应速率的半定量分析等。因此，CV 法已成为现在研究电化学性质和进行电化学分析的基本手段之一。其原理是控制研究电极的电势以速率 v 从 E_i 开始向电势负向扫描，到时间 $t=\lambda$（相应电势为 E_λ）时电势改变扫描方向，以相同的速率回扫至起始电势，完成一次扫描循环，即采用的电势控制信号为三角波信号[104]。记录下的 i-E 曲线，称为循环伏安曲线，如图 2.3 所示。

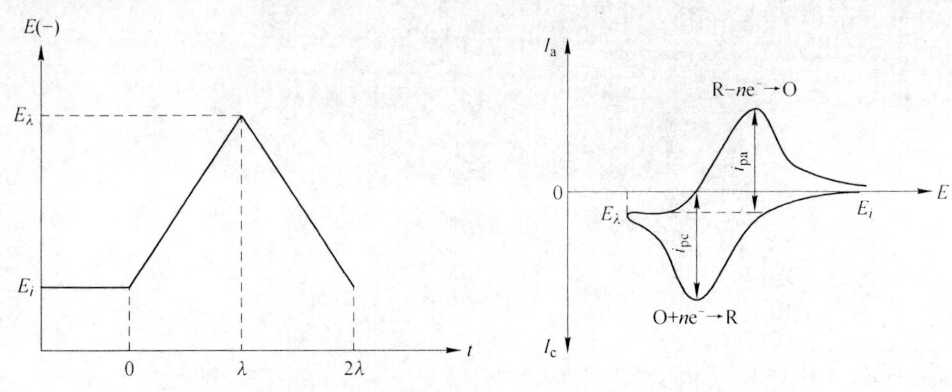

图 2.3 三角波电势扫描信号和循环伏安曲线

在某一时间 $t=\lambda$ 时的电势可表示为：

$$E_{(t)} = E_i - vt \quad (0 \leqslant t \leqslant \lambda) \tag{2.1}$$

$$E_{(t)} = E_i - v\lambda + v(t - \lambda) = E_i - 2v\lambda + vt(\lambda \leqslant t \leqslant 2\lambda) \tag{2.2}$$

式中，λ 为转换时间；$E_\lambda = E_i - v\lambda$ 为换向电势。

负向扫描（以阴极过程扫描为例，即先还原过程，研究阳极过程则相反）时发生阴极反应，即对应于一个还原反应 $O\text{-}ne^- = R$；正向扫描时，已在负向扫描过程中生成的还原产物 R 的则发生重新氧化的反应 $R+ne^- = O$，这样经过一个完整的三角波电势扫描后就得到了循环伏安 i-E 曲线。

循环伏安法 i-E 曲线的两个有用参数是峰电流比（i_{pa}/i_{pc}）和对应的峰电势差（E_{pa}-E_{pc}）。对于稳定产物的 Nernst 波，峰电流比 $i_{pa}/i_{pc}=1$，与扫描速度、扩散系数、E_λ 无关（只要 $|E_\lambda - E_{pc}| > 35/1000$nV）。当然 i_{pa} 需要以下降的阴极电流为基线来测量[105]。

2.3.2 方波伏安法

方波伏安法（square wave voltammetry，SWV），是一种大振幅的差分技术，应用于工作电极的激励信号由对称方波和阶梯状电压叠加而成，它是一种多功能、快速、高灵敏度和高效能的电分析方法。该法是在工作电极上施加一个快速扫描的阶梯电压，并于每一阶梯上叠加一小振幅的方波，从而呈现出电位-电流关系的一种伏安实验方法，其兼备高灵敏度和阶梯伏安法快速的优点。

在熔盐电化学中方波伏安曲线常常被用于检测在循环伏安曲线中还原电流峰不太明显的电极还原过程，也用于计算电化学反应过程中放电离子的电子转移数，判断放电离子的电还原步骤[106]。当放电离子的电化学反应过程是一个可逆过程的时候，方波伏安曲线是一个对称的半波曲线，电流随离子浓度的增加而增加。本书中主要采用方波伏安法研究碳酸根离子在阴极放电过程的转移电子数。

2.3.3 计时电位法

计时电位法（chronopotentiometry）即控制电流的方法，通常是控制通过工作电极和辅助电极之间的电流恒定，记录工作电极的电势（相对于参比电极）随时间的变化。E 作为时间 t 的函数而被记录，因而被称作计时电位法。控制通过电极的电流的方式多种多样，常见的控制电流方法的电流激励信号和电势响应信号如图 2.4 所示。

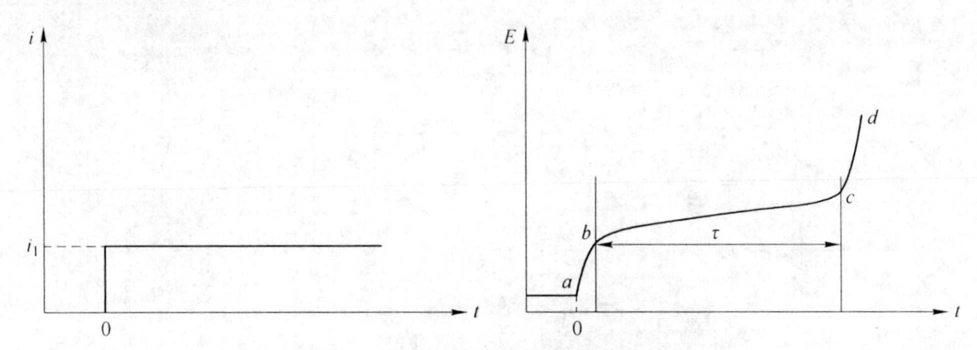

图 2.4 计时电位的激励信号和响应信号

当电极上作用一个阶跃电流时，在电流突跃的一瞬间（$t=0$），发生电势突跃。这一电势的突跃是电解液的欧姆压降引起的，电极/溶液界面的双电层，可等效于电容，如 ab 段[107]。当电流达到 i 时，引起电极表面氧化性物质的还原，随着电化学反应的进行，反应粒子不断消耗。在电极表面处，单位时间内所消耗的粒子数目是恒定的，所以在恒流极化下反应粒子就要不断地由溶液深处向电极表面扩散。当扩散到电极表面的反应粒子不足以补充所消耗的粒子时，电极表面反应粒子浓度随时间而下降，浓度极化不断发生直至电极表面反应离子浓度趋于零，电极电位急剧变负，如 cd 段。此时，电极电势阶跃至另一种离子可以放电的电位。对电极开始恒电流极化到电势阶跃所经历的时间称为过渡时间，以 τ 表示。在电化学测量中 τ 是一个很有用的量。

但若是电流密度的变化范围没有超过这种离子或相沉积所需极限电流密度的时候，平台不会出现。而随着时间的增长，电极表面离子浓度越来越低，为了满足电极表面对离子的需要，这时需要另一个离子放电，达到一种新的平衡，就会出现一个新的平台。计时电位曲线常被用来分析离子的放电过程、电沉积所需的极限电流密度等，也可以用来计算离子的扩散系数。

2.3.4 计时电流法

计时电流法（chronoamperometry）是控制电势阶跃的暂态测量方法，也叫做恒电势法或计时安培法。它是通过控制工作电极的电势按照一定的具有电势突跃的波形规律变化，同时记录极化电流 i 随时间 t 的变化，进而分析电极过程的机理，计算电极过程的有关参数等。计时电流法最主要的特点是在某一时刻电势发生突跃，然后在一定的时间范围内恒定在某一数值上。计时电流激励信号和响应信号的波形如图 2.5 所示。

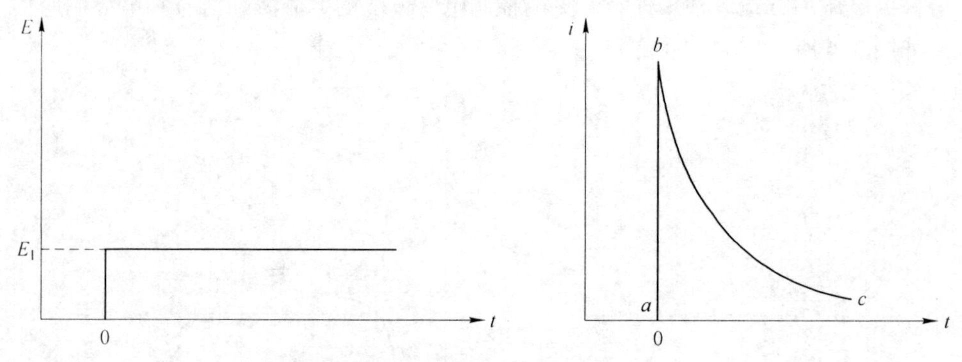

图 2.5 计时电流的激励信号和响应信号

体系中的电流随时间变化的原因可分析如下：

在 $t=0$ 的时刻，对工作电极施加 E_1 的电势差，虽然此时对电极体系施加了一个 E_1 的电势差，但是界面电势差（即双电层电势差）并未发生突跃。由于溶液电阻 R_u 分担了一部分电流，在电势阶跃瞬间的双电层充电电流 $i_c=-C_d\mathrm{d}E/\mathrm{d}t$ 无法达到无穷大，也就是说界面电势差的改变不可能瞬间完成，而要经历一段时间。这就是说，虽然加在电极体系上的电压瞬间改变了 E_1，但是能够影响反应速率的界面电势差（即电化学极化超电势）还没来得及改变，电势阶跃瞬间不是双电层电势差的跃变，而是溶液欧姆压降的跃变，瞬间电流达到 $-E_1/R_u$，双电层也就是以此电流开始充电的。之后，随着双电层不断充电，双电层电势差不断变化增大，即电化学极化超电势的绝对值增大，使得电极反应速率增大，电化学反应的电流 i_f 增大；由于总的超电势被维持在恒定数值 E_1，电化学超电势的绝对值$-E_e$不断增大，溶液欧姆压降的绝对值$-E_R$就不断减小，因此通过体系的总电流$I=-E_R/R_u$就不断减少。我们知道，$i=i_f+i_c$，由于i_f增大，i减小，所以双电层充电电流i_c减小。一直到i_c减小为零，双电层充电过程结束，电化学超电势达到稳定态，电化学反应达到稳态，反应电流达到稳态值i_∞。

由上述分析可知，在电流-时间曲线上，ab段的电流突跃是通过溶液电阻R_u向双电层C_d充电的瞬间充电电流。bc段，电流呈指数规律减少，这是因为双电层电势差的逐渐增加引起了双电层充电电流的减少。电极的时间常数决定着电流衰减的速度。当电流衰减到水平段时，双电层充电就此结束，实验中的稳定电流就是净的电化学反应电流，用i_∞表示。

本书利用计时电流法主要研究熔盐体系碳的成核与晶核生长过程。为了精确地处理和分析电结晶的实际过程，就有必要考察不同阶段对电化学的综合影响。在电沉积碳的过程中，双电层充电、成核、晶核长大和线性扩散阶段都可以在计时电流曲线上很好地表现出来。成核与长大过程的研究不仅具有理论价值，而且在熔盐电沉积碳、金属和熔盐电镀方面都有实际意义。计时电流法可以用于研究熔盐中的电沉积成核与晶核生长情况，以及计算放电离子在熔盐中的扩散系数等动力学参数。

2.3.5　电化学阻抗谱法

电化学阻抗谱法（electrochemical impedance spectroscopy，EIS）是电化学研究中十分重要的研究方法，近几十年来得到了快速的发展，其在研究电极过程动力学与电极表面反应方面是一种非常有用的技术手段[108]。电化学阻抗谱法被广泛应用于材料性质、金属腐蚀、微生物腐蚀、金属电沉积及表面钝化、吸附等各种电极过程的研究[109~112]。其优点是测试速度快，抗干扰性强，操作简便，灵敏度高，并且可以通过与计算机相连得出相应的动力学参数，以便模拟得到相近的电极反应过程。

电化学阻抗谱的基本原理是以小幅度（一般小于0.01V）的正弦波电位为扰动电化学系统的信号，测量出工作电极的交流阻抗或导纳，进一步分析出活性物质在电极表面的反应机理，得出该反应体系的相关电化学参数。通常可将测试体系看作是一个由电阻、电容、电感等物理元件通过串并联的不同组合方式得到的等效电路。通过对各个元件的含义分析可得出反应体系的结构及电极的测试过程。例如溶液电阻可以用一个纯电阻表示；电荷在相界面传递的过程，即产生法拉第电流的过程也可以用一个纯电阻表示；电极和电解质溶液之间的双电层可以用一个纯电容表示；由扩散引起的浓差极化可以用Warburg阻抗表示；而当电极表面有膜层或吸附层覆盖时，可以用电感表示[113]。常见的阻抗谱有以下两种：

（1）若在电极反应过程中，由扩散所引起的阻抗可以被忽略，即电极过程主要是由电荷传递所控制的，则等效电路可以简化为图 2.6 所示的电路。

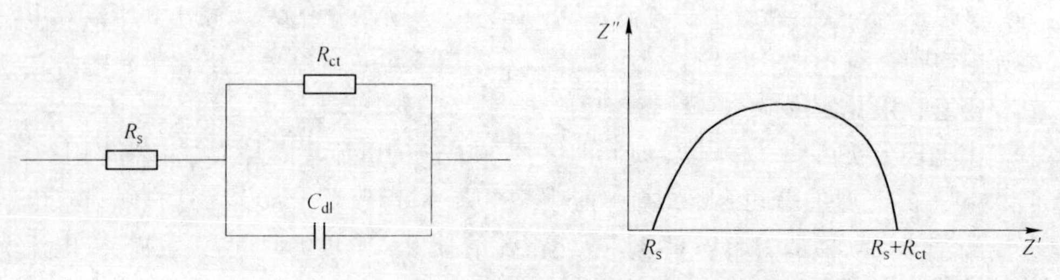

图 2.6 忽略扩散的等效电路及 Nyquist 阻抗图

(2) 由电荷传递和扩散所控制的电极反应过程，即电化学极化和浓差极化同时存在时的等效电路可以简化为图 2.7 所示的电路。

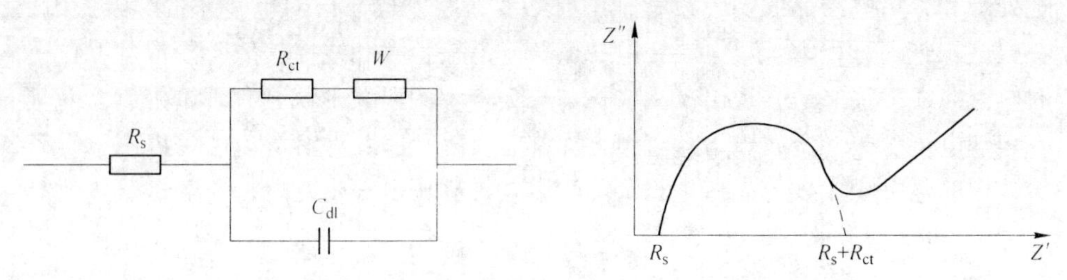

图 2.7 考虑扩散的等效电路及 Nyquist 阻抗图

2.4 电解产物的检测分析

2.4.1 X 射线衍射

X 射线衍射（X-ray diffraction）利用 X 射线在样品中的衍射现象来分析材料的结晶程度、晶体参数、晶体缺陷、不同结构相的含量及内应力等，是确定物质结构的一种简单而有效的实验手段。入射晶体的原始 X 射线会使晶体内原子中的电子发生频率相同的强制震动，产生强度非常微弱、与原始 X 射线有相同波长的次生 X 射线。晶体中大量的原子所产生的次生 X 射线会发生干涉现象，使射线相互叠加或抵消。当射线之间的行程差等于整数波长时，次生 X 射线可以叠加起来，使胶片感光。当满足布格（Bragg）方程时，一定晶格面对一定波长的 X 射线在一定角度会产生相互加强的发射：

$$2d\sin\theta = n\lambda\,(n = 1,\ 2,\ 3,\ \cdots) \tag{2.3}$$

式中，λ 为 X 射线的波长；d 为晶格面层间距，是相邻平面间的垂直距离；θ 为入射 X 射线和晶格面间的夹角。使用 XRD 可以确定活性材料的相结构和结晶度。一般认为，XRD 图谱中衍射峰的强度越高，表明材料晶型越好[114]。

本书采用荷兰帕纳科公司 MPDDY2094 型 X 射线衍射仪对实验样品进行 XRD 测试分析。

2.4.2 扫描电子显微镜

扫描电子显微镜（scanning electron microscope，SEM）是一种新型的电子光学仪器，是一个复杂的系统，浓缩了电子光学技术、真空技术、精细机械结构以及现代计算机控制技术，是一种利用电子束扫描样品表面从而获得样品信息的电子显微镜。扫描电子显微镜具有以下特点：（1）高的分辨率，现代先进的扫描电镜的分辨率已经达到1nm左右；（2）有较高的放大倍数，20~20万倍之间连续可调；（3）制样简单；（4）景深大以及SEM能与能谱（energy dispersive spectrometer，EDS）组合，在进行显微组织形貌的观察的同时可以进行成分分析。扫描电镜已广泛地应用在生物学、医学、冶金等领域中，促进了各有关学科的发展。

通过SEM扫描可以确定阴极上电沉积得到碳的连续性、碳膜的形貌、碳颗粒的大小及表面覆盖程度等信息。对电极材料的截面进行测试，可确定电沉积碳的厚度以及碳与电极材料之间是否存在中间过渡层，并且采用扫描电子显微镜附带的能谱仪可分析电极表面沉积物的组成成分。

2.4.3 拉曼光谱

Raman是一种用于测量分子振动能级变化的散射光谱。它通过测量单色光V_0在经过与待测样品中分子的非弹性碰撞后，发生的频率变化$\pm V_r$来反映分子中振动能级的变化。分子能级的跃迁涉及转动能级，发射的是小拉曼光谱；涉及振动-转动能级，发射的是大拉曼光谱。与分子红外光谱不同，极性分子和非极性分子都能产生拉曼光谱。拉曼光谱对被研究材料中平移对称性的变化非常敏感。另外，由于碳材料对光的吸收系数很大，激光只能穿透几十纳米的厚度，所以拉曼光谱对碳材料给出的是材料近表面的结构信息。拉曼峰的位置（即拉曼位移)、强度、形状和半峰宽都包含了化学和结构方面的重要信息。拉曼峰的强度正比于散射物质的浓度，这为定量分析提供了基础。对于混合相，相应的拉曼峰必然同时存在，并因相互叠加而呈现出不对称的形状。将不对称的拉曼峰通过计算机拟合分解为对称的峰，由各拉曼峰相应的强度或面积即可计算出各相的含量比。

拉曼光谱通常用于碳材料结构及成键性质的分析，主要是因为其对石墨、金刚石以及无定型碳等材料具有良好的分辨能力，是表征碳质材料的一种较好的方法[115]。本书实验所采用的是法国HORIBA Jobin Yvon公司的HR800型拉曼光谱仪，配备有488nm和633nm两种波长的激光。书中沉积碳的Raman光谱图是在激发光波长为633nm条件下测试得到的结果。同时Raman光谱也常用于检测熔盐的离子结构[116,117]，书中也采用 Raman 光谱对熔盐电解质的离子结构进行了检测，熔盐离子结构检测是采用波长为 488nm 的激光光源。

2.4.4 气相色谱

气相色谱法（gas chromatography，GC），又叫色层法、层析法，是以惰性气体（如 N_2、He、Ar、H_2）为流动相的柱色谱分离技术。其原理是使混合物中各组分在两相间进行分配，其中一相是不动的（固定相），另一相（流动相）携带混合物流过此固定相，与固定相发生作用，在同一推动力下，不同组分在固定相中滞留的时间不同，依次从固定相流出。

气相色谱按固定相的状态不同，可以分为两种，用固体吸附剂作固定相的叫气固色谱，用涂有固定液的单体作固定相的叫气液色谱。按色谱分离原理来分，分为吸附色谱和分配色谱两类，在气固色谱中固定相为吸附剂，气液色谱属于分配色谱，气固色谱属于吸附色谱。

气相色谱仪是用于分离复杂样品中的化合物的化学分析仪器。气相色谱仪中有一根流通型的狭长管道，叫做色谱柱。在色谱柱中，不同的样品因为具有不同的物理和化学性质，与特定的柱填充物（固定相）有着不同的相互作用而被气流（载气、流动相）以不同的速率带动。当化合物从柱的末端流出时，它们被检测器检测到，产生相应的信号，并被转化为电信号输出。在色谱柱中固定相的作用是分离不同的组分，使得不同的组分在不同的时间（保留时间）从柱的末端流出。其他影响物质流出柱的顺序及保留时间的因素包括载气的流速、温度等。

在气相色谱分析法中，一定量（已知量）的气体或液体分析物被注入色谱柱的一端进样口中（通常使用微量进样器，也可以使用固相微萃取纤维或气源切换装置）。当分析物在载气带动下通过色谱柱时，分析物的分子会受到色谱柱壁或柱中填料的吸附，使通过柱的速度降低。分子通过色谱柱的速率取决于吸附的强度，它由被分析物分子的种类与固定相的类型决定。由于每一种类型的分子都有自己的通过速率，分析物中的各种不同组分就会在不同的时间（保留时间）到达柱的末端，从而得到分离。检测器用于检测柱的流出组分，从而确定每一个组分到达色谱柱末端的时间以及每一个组分的含量。通常来说，人们通过物质流出柱（被洗脱）的顺序和它们在柱中的保留时间来表征不同的物质。

本书通过 GC9800 型气相色谱仪分析电解过程阳极气体产物的组成。

2.5 本章小结

本章介绍了实验过程中所用的主要试剂和仪器，并给出相应的实验装置。

同时，对电化学实验过程所采用的循环伏安、方波伏安、计时电流和计时电位等测试方法进行了论述。用循环伏安法初步判断熔盐体系中相应离子在所研究电极上还原、氧化的反应历程，可以得到对应离子在所研究电极上的氧化还原电位。用方波伏安法计算电化学反应过程中放电离子的电子转移数。通过计时电位结合 Sand 方程计算碳酸根离子在熔盐电解质中的扩散系数。采用计时电流法研究碳酸根离子在研究电极上的还原过程，并进行成核机理的理论分析，利用 Cottrell 方程计算碳酸根离子在熔盐电解质中的扩散系数等。本书采用上述电化学方法研究卤化物-碳酸锂熔盐体系中相关电化学反应过程的机理，为熔盐电化学分解二氧化碳制备碳和氧气提供相关的理论指导。

3 碳酸根离子的阴极还原过程

研究碳酸根离子在熔盐体系中的还原过程，主要是为了弄清楚熔盐中的碳酸根离子在电极上的电化学还原反应的机理，为熔盐电化学分解 CO_2 提供理论基础。

本章以 LiF-NaF-Li_2CO_3 熔盐体系为研究对象，对熔盐体系中碳酸根离子的电化学还原过程进行深入的研究。通过对电极反应过程的分析，获得碳酸根离子的电化学还原电位、电极反应的转移电子数、碳酸根离子的扩散系数和扩散活化能等相关电化学参数。

3.1 实验部分

3.1.1 实验装置

电化学测试过程所采用的实验装置示意图见第 2 章中的图 2. 1。整个电化学测试过程均在一个标准大气压（1atm）❶ 下的 CO_2 气氛下进行。研究碳酸根离子的阴极还原过程所采用的电化学测量仪器为 AUTOLAB PGSTA30 + BOOSTER20A 电化学工作站，设备主要的参数已在第 2 章中进行了详细的介绍。

3.1.2 电极的制作与处理

在 LiF-NaF-Li_2CO_3 熔盐体系中研究碳酸根离子的电化学行为。电化学实验采用传统的三电极体系，工作电极为直径 0. 7mm 的镍丝，参比电极为直径 0. 5mm 的 Pt 丝，对电极为石墨（直接连接到盛装电解质熔盐的高纯石墨坩埚）。

工作电极为长约 15cm 的高纯镍丝（99. 99%），使用前，一端用金相砂纸进行打磨，打磨后的镍丝用蒸馏水进行超声清洗，并用乙醇再次清洗后用吹风机吹干。将高纯镍丝未经打磨的一端与直径为 0. 5mm、长度为 60cm 耐高温镍铬丝缠绕连接，最后将连接好的金属丝插入直径约为 6mm 的刚玉套管中，将高纯镍丝被打磨的一端露出长度约为 3cm，另一端露出的镍铬丝沿刚玉管折弯固定其长度，得到实验用的工作电极。工作电极的有效面积取决于电极插入熔盐的深度，每次实验后测量工作电极插入熔盐体系中深度计算其面积。

---

❶ 1atm = 101325Pa。

参比电极的制备方法与工作电极的制备过程基本相同，实验用的参比电极由于循环使用的次数较多，为了确保铂丝与镍铬丝之间能形成良好的通路，采用氩弧焊接法将 Pt 丝与镍铬丝焊接在一起。参比电极的预处理过程与工作电极相同。作为参比电极最重要的特性就是电位相对稳定，Pt 丝在含有氧离子的熔盐体系中用作参比电极，能形成 Pt/PtO_x-O^{2-}电子对[57]，因此，Pt 参比电极用在本书的研究体系中是准参比电极，在所研究的电位区间内 Pt 电极是相对稳定的。

3.1.3 LiF-NaF 熔盐体系

作为电化学测试过程的介质，熔盐的物理、化学性质对电极反应过程及其测量有重要的影响。一般来讲，较为理想的熔盐体系应该满足以下几个特点：(1) 较高的离子导电性；(2) 较高的理论分解电压；(3) 较低的蒸汽压；(4) 较低的熔点。综合考虑，本实验选用 LiF-NaF 共晶熔盐体系作为支持电解质，通过添加 Li_2CO_3 研究碳酸根离子的电化学还原过程，整个实验过程都在 CO_2 气氛下进行。

图 3.1 是 LiF-NaF 二元体系相图。由图 3.1 可知，LiF-NaF 二元体系共晶点成分为 LiF：NaF=0.61：0.39（摩尔比），共晶点温度为 922K。实验选用共晶成分的 LiF-NaF 熔盐（49.14%LiF-50.86%NaF，注：文中不作特殊声明时，熔盐组成的表达中，其化合物前的数据表示质量百分含量。例如 49.14% LiF-50.86% NaF 简写为 49.14LiF-50.86NaF）作为支持电解质用于研究碳酸根离子的电化学还原过程。

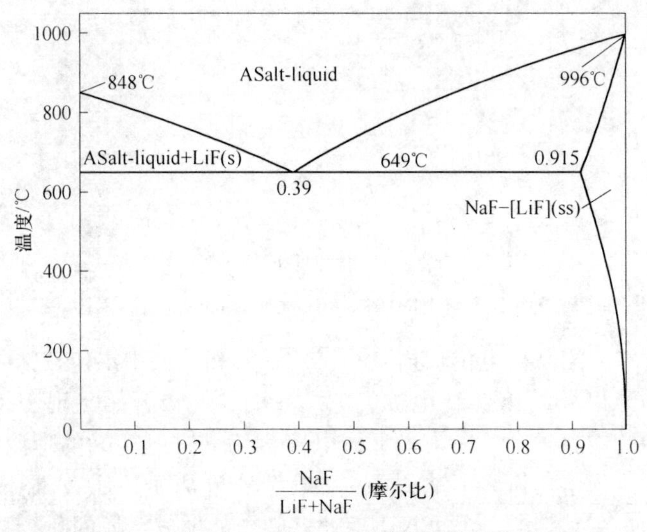

图 3.1 LiF-NaF 二元体系相图

3.1.4 实验过程

实验前首先需要对 LiF、NaF 和 Li_2CO_3 试剂进行干燥预处理，将 LiF、NaF 和 Li_2CO_3 在 573K 的烘箱中干燥 48h 以上，干燥好的试剂放入手套箱中储存备用。电化学实验研究采用尺寸为 ϕ70mm×h90mm 的高纯石墨坩埚作为电解槽，每次实验盛装电解质 100g，即在手套箱中秤取 49. 14g 的 LiF 和 50. 86g 的 NaF，并将其混合均匀后装入石墨坩埚中，然后放入加热炉中升温融化。当温度达到实验设定温度且待熔盐完全融化后，加入一定量的 Li_2CO_3，待温度恒定 30min 后放下电极，开始进行电化学测试。

3.2 结果与讨论

3.2.1 循环伏安

在系统地研究 LiF-NaF-Li_2CO_3 体系中碳酸根离子的电化学还原行为前，首先研究 LiF-NaF 共晶熔盐空白体系的电化学行为。以镍丝为工作电极在 1023K 的 49. 14LiF-50. 86NaF 熔盐体系中进行循环伏安扫描，循环伏安曲线如图 3. 2 所示。

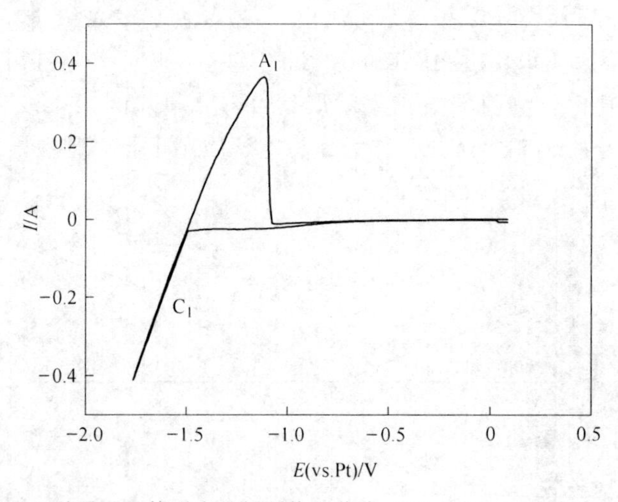

图 3. 2 LiF-NaF 共晶熔盐体系中的循环伏安曲线（WE：Ni，T=1023K，v=0. 1V/s）

从图中可知，当阴极电位扫描至-1. 5V（vs. Pt，文中不作特殊声明时所提到的电极电位均为相对于 Pt 参比电极的电位）时，阴极开始出现法拉第电流，此时熔盐体系中的钠离子开始在阴极上放电（因为 NaF 比 LiF 的理论分解电压小，在锂和钠的氟化物熔盐体系中钠离子应该优先于锂离子还原），形成阴极还原峰 C_1，根据 Na-Ni 二元相图，金属 Na 与 Ni 之间不能形成金属间化合物，所以还原峰 C_1应为熔盐中的钠离子还原为金属钠的过程，钠离子的电化学还原过程是通过一步电子转移反应完成的。在阳极扫描过程中出现一个明显的氧化电流峰 A_1，对应于金属钠的氧化。图中循环伏安曲线上还原电流峰 C_1 和氧化电流峰 A_1 所对应的反应式分别为：

$$Na^{+}+e^{-}=Na \tag{3.1}$$

$$Na-e^{-}=Na^{+} \tag{3.2}$$

在电位为-1.5V 至 0V 区间内未看到其他的还原峰和氧化峰，说明在此电势范围内 LiF-NaF 共晶熔盐体系的电化学稳定性良好。

图 3.3 是温度为 1023K 时，48.55LiF-50.25NaF-1.20Li_2CO_3 熔盐体系中镍工作电极上的循环伏安曲线。从图中可以看出，阴极方向扫描过程中，在电位为-1.4V出现了一个明显的还原电流峰 C_2，与图 3.2 进行对比可知，还原电流峰 C_2 与碳酸锂有关，对应于碳酸根离子的还原。在电位为-1.5V 开始出现了还原峰电流 C_1，这与 49.14LiF-50.86NaF 空白熔盐体系扫描结果一致，对应于熔盐体系中钠离子的还原。但在反向扫描过程中，仅出现一个氧化电流峰 A_1，未出现与还原峰 C_2 相对应的氧化峰，说明碳酸根离子的还原是一个不可逆的过程。根据 48.55LiF-50.25NaF-1.20Li_2CO_3 熔盐体系的循环伏安曲线分析，碳酸根离子在镍工作电极上的还原是通过一步电子转移反应完成的。

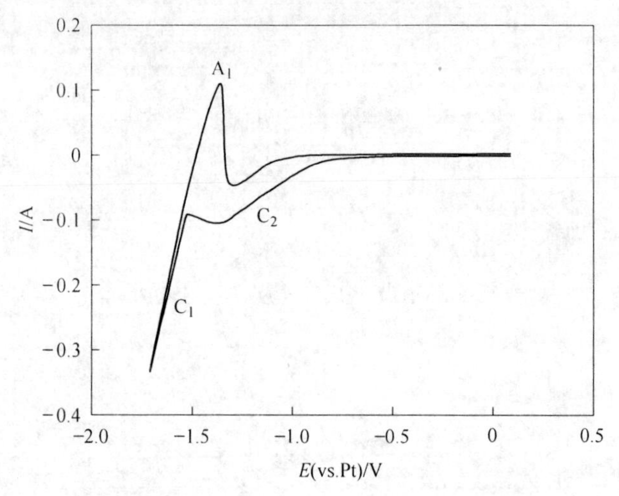

图 3.3 48.55LiF-50.25NaF-1.20Li_2CO_3 熔盐体系中的循环伏安曲线

(WE：Ni，T=1023K，v=0.1V/s)

3.2.2 计算转移电子数

方波伏安法常用于确定电化学反应过程的转移电子数[118~120]。为了进一步确定 48.55LiF-50.25NaF-1.20Li_2CO_3 熔盐体系中碳酸根离子的还原过程，采用方波伏安法研究温度为 1023K 的 48.55LiF-50.25NaF-1.20Li_2CO_3 熔盐体系中镍工作电极上的电化学反应过程。图 3.4 是镍电极在 1023K 的 48.55LiF-50.25NaF-1.20Li_2CO_3 熔盐体系中不同频率下的方波伏安曲线。从图中可以看出，在-1.4V 有一个 V 字形但不完全对称的电流峰，这种不对称的峰形归因于成核过电位的影响或是某种相形成所需额外能量的影响，文献[121]、[122]也观察到了类似现象。另外，方波伏安曲线上峰电流对应的电位与循环伏安曲线上的峰电位一致，进一步确定了碳酸根离子的还原峰电位是在-1.4V。

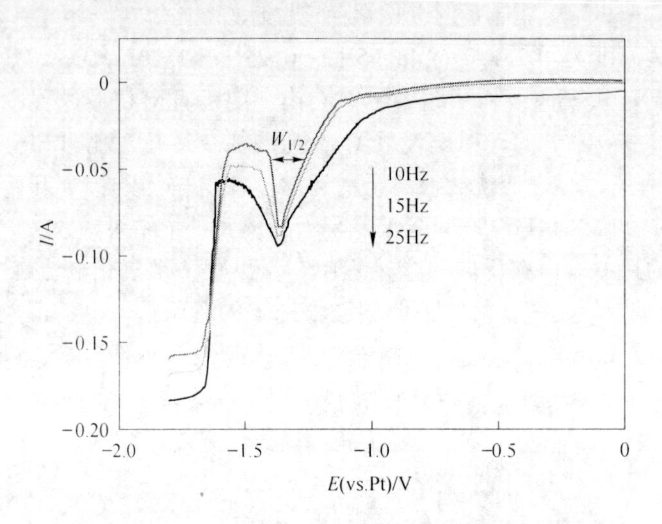

图 3.4　48.55LiF-50.25NaF-1.20Li_2CO_3 熔盐中不同频率的方波伏安曲线（WE：Ni，T=1023K）

在方波伏安曲线上，半峰宽（$W_{1/2}$）与转移电子数（n）的关系式表示如下：

$$W_{1/2} = 3.52\frac{RT}{nF} \tag{3.3}$$

式中　$W_{1/2}$——半峰宽；

R——气体常数，8.314J/(mol · K)；

T——开尔文温度，K；

F——法拉第常数，96485C/mol；

n——电子转移数。

半峰宽 $W_{1/2}$的值可从图 3.4 中的方波伏安实验数据得到，根据式（3.3）可以求出 n=3.89，接近 4。在电位为-1.4V 恒电位电解时，镍电极上有黑色物质生成，EDS 能谱分析确定产物为碳。因此，可以说明碳酸根离子的还原过程是通过一步转移四个电子完成的，即碳酸根离子的还原反应可以表示为 $CO_3^{2-}+4e^- = C+3O^{2-}$。

3.2.3 碳酸根离子的扩散系数和扩散活化能

为了研究碳酸根离子还原过程的动力学和计算反应过程的扩散活化能，在不同的扫描速度下进行了循环伏安扫描。图 3.5 为 1023K 的 48.55LiF-50.25NaF-1.20Li_2CO_3 熔盐体系中以镍为工作电极在不同扫描速度下得到的一组循环伏安曲线，扫描速度为 0.05~0.20V/s。从图中可以看出，随着扫描速度的增大，阴极还原峰电位出现负方向偏移，另外在反向扫描过程中未出现对应的氧化电流峰，这些结果都表明了碳酸根离子的还原过程是一个不可逆的过程。

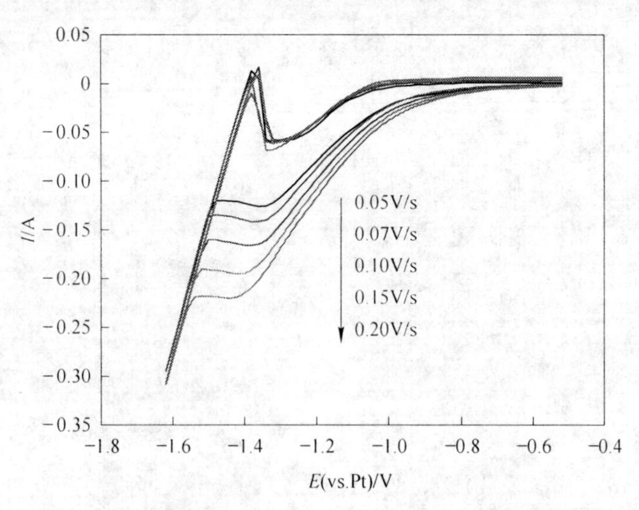

图 3.5　48.55LiF-50.25NaF-1.20Li_2CO_3 熔盐体系中不同扫描速度的循环伏安曲线（WE：Ni，T=1023K，A=0.37cm^2）

对于一个不可逆的电化学反应，在循环伏安图中，峰电位和半峰电位的差值 $|E_p-E_{p/2}|$ 满足以下关系式[123]：

$$|E_p - E_{p/2}| = \frac{1.857RT}{\alpha nF} \tag{3.4}$$

式中　E_p——峰电位，V；

$E_{p/2}$——半峰电位，V；

α——传递系数。

扫描速度为 0.07V/s 时，E_p 和 $E_{p/2}$ 可以通过循环伏安图得到，根据式（3.4）可以求出传递系数 α 的值约为 0.21。

图 3.6 为阴极峰电流与扫描速度平方根的关系。由图可知，峰电流（I_p）和扫描速度的平方根（$v^{1/2}$）成线性关系，表明碳酸根离子的还原过程受扩散控制。对于不可逆的电极反应，碳酸根离子在 1023K 的 48.55LiF-50.25NaF-1.20Li_2CO_3 熔盐体系中的扩散系数可以通过式（3.5）进行计算：

$$I_p = 0.4958\left(\frac{\alpha nF}{RT}\right)^{\frac{1}{2}} nF\,(Dv)^{\frac{1}{2}} AC_0 \tag{3.5}$$

式中 I_p——峰电流，A；

A——电极面积，cm^2；

D——扩散系数，cm^2/s；

C_0——反应物质浓度，mol/L；

v——扫描速度，V/s。

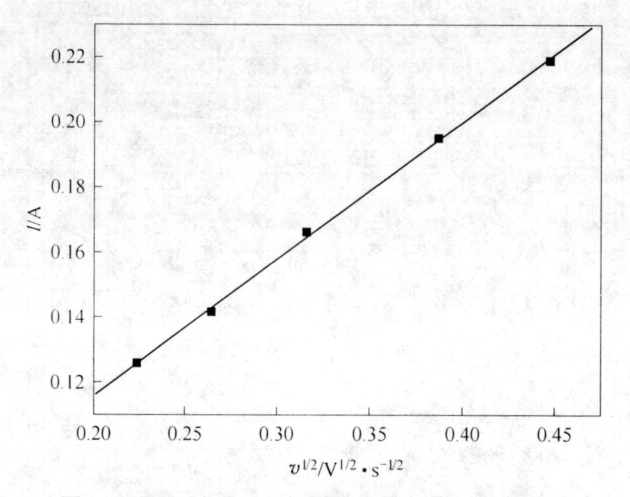

图 3.6 阴极峰电流与扫描速度平方根之间的关系

根据式（3.5）可以计算出温度为 1023K 时，碳酸根离子在 48.55LiF-50.25NaF-1.20Li_2CO_3 熔盐体系中的扩散系数为 $5.31\times10^{-5}cm^2/s$，与 Massot[57] 计算得到的碳酸根离子在 LiF-NaF-Na_2CO_3 熔盐体系中的扩散系数 $5.50\times10^{-5}cm^2/s$ 很接近。

表 3.1 是用同样方法计算出的不同温度下碳酸根离子的扩散系数。

表 3.1 48.55LiF-50.25NaF-1.20Li_2CO_3 熔盐中碳酸根离子在不同温度的扩散系数

T/K	D/$cm^2 \cdot s^{-1}$
973	4.46×10^{-5}
993	4.82×10^{-5}
1023	5.31×10^{-5}
1043	5.90×10^{-5}
1063	6.54×10^{-5}

由不同温度下的扩散系数以及阿伦尼乌斯公式，可以计算扩散活化能。阿伦

尼乌斯公式如下：

$$D = D_0 \exp\left(-\frac{E_a}{RT}\right) \tag{3.6}$$

式中 D_0——指前因子，cm^2/s；

E_a——活化能，kJ/mol。

将式（3.6）变形，可以得到式（3.7）：

$$\ln D = \ln D_0 - \frac{E_a}{R} \cdot \frac{1}{T} \tag{3.7}$$

由式（3.7）很容易看出，扩散系数的对数与温度的倒数成正比，且根据斜率表达式$-E_a/R$可以计算扩散活化能（E_a），根据截距表达式$\ln D_0$，可以计算指前因子（D_0）。

图3.7为扩散系数的对数与对应的温度的倒数关系曲线，经过拟合，得出直线的数学关系式为$\ln D = -5.60 - 4308.50/T$。其中，直线的斜率为-4308.50，截距为-5.60，根据阿伦尼乌斯的变形式（3.7）计算得到扩散活化能$E_a = 35.80$kJ/mol，指前因子$D_0 = 3.69 \times 10^{-3}$cm/s。

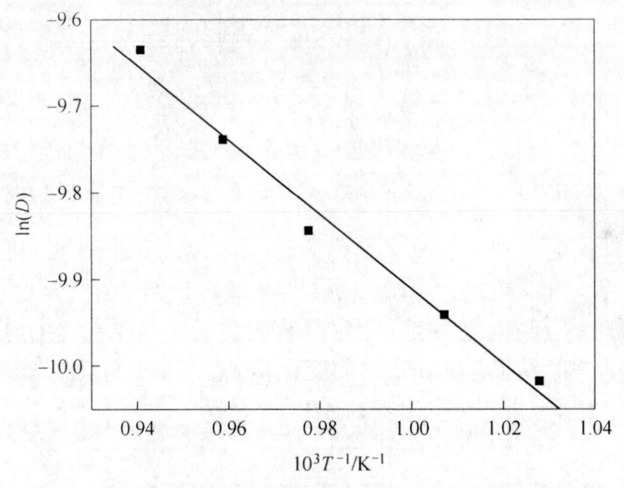

图3.7 碳酸根离子的扩散系数的对数与温度倒数的关系

3.2.4 计时电位

为了进一步研究碳酸根离子的电化学还原过程，采用计时电位法进行研究。在48.55LiF-50.25NaF-1.20Li_2CO_3熔盐体系中，温度为1023K时测量了在镍电极上的计时电位曲线。图3.8是温度为1023K的48.55LiF-50.25NaF-1.20Li_2CO_3熔盐体系以镍为工作电极，在不同阴极电流强度下测得的计时电位曲线。从图中可以看出，存在两个明显的电位平台，第一个电位平台在-1.4V附近，正好对应于循环伏安曲线（图 3.3）中碳酸根离子的还原峰 C_2 的位置，此平台应该对应于碳酸根离子还原为碳的过程；在第一个平台出现后，电位又开始降低，大约 0.6s 之后，电极电位达到极限值，在电位为-1.6V 附近出现第二个电位平台，这个平台对应于金属钠的析出。计时电位研究进一步说明了碳酸根离子的还原是通过一步电子转移反应完成的。此外，通过不同电流强度下的计时电位曲线，还可以发现随着电流强度的增加，在计时电位曲线上的第一个电位平台不断负移，这说明碳酸根离子还原为碳的过程应是不可逆的，这可能是由熔盐体系中氧离子的浓度较低所引起的。

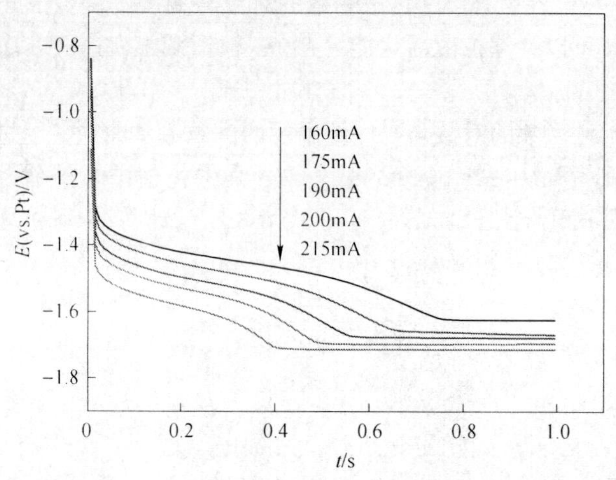

图 3.8 48.55LiF-50.25NaF-1.20Li_2CO_3 熔盐体系在镍工作电极上的计时电位曲线

从开始施加恒电流到电位发生变化的时间称为过度时间 τ，过度时间与浓度和扩散系数有关。对不同极化电流下 $I\tau^{1/2}\sim I$ 进行作图，$I\tau^{1/2}\sim I$ 的关系如图 3.9 所示。由图可知 $I\tau^{1/2}$ 与电流强度 I 为水平直线关系，即在一定的电流强度或电流密度范围内，$i\tau^{1/2}$ 值不随电流的变化而变化，满足 Sand 方程[105,124]：

$$i\tau^{1/2} = \frac{nFC_0AD^{1/2}\pi^{1/2}}{2} = 常数 \tag{3.8}$$

式中 i——电流密度，A/cm^2；

τ——过度时间，s。

对于不可逆的电极反应，电流与电势的关系可由如下方程表示：

$$i = nFAk^0C_0(0,\ t)\exp\left[\frac{-\alpha nF(E - E^{\ominus\prime})}{RT}\right] \tag{3.9}$$

将 $C_0(0,\ t)$ 的表达式 $\dfrac{C_0(0,\ t)}{C_0^*} = 1 - \left(\dfrac{t}{\tau}\right)^{1/2}$ 代入式（3.9）得到：

$$E = E^{\ominus\prime} + \frac{RT}{\alpha nF}\ln\left(\frac{FAC_0^*k^0}{i}\right) + \frac{RT}{\alpha nF}\ln\left[1 - \left(\frac{t}{\tau}\right)^{1/2}\right] \tag{3.10}$$

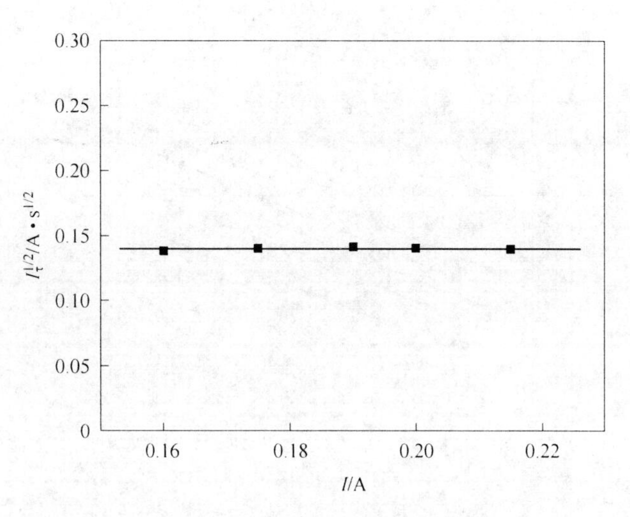

图 3.9 $I\tau^{1/2}$与 I 的关系曲线

使用 Sand 方程并代入 $\tau^{1/2}$，得到等价的表达式：

$$E = E^{\ominus\prime} + \frac{RT}{\alpha nF}\ln\left(\frac{2k^0}{(\pi D_0)^{1/2}}\right) + \frac{RT}{\alpha nF}\ln(\tau^{1/2} - t^{1/2}) \tag{3.11}$$

式中 E——电位，V；

$E^{\ominus\prime}$——形式电位，V；

K^0——标准速率常数。

显然，对于不可逆的电极反应，随电流增大，整个 E-t 曲线往负电位方向偏移。将 E 对 $\lg(\tau^{1/2}-t^{1/2})$ 进行作图，不同电流强度下的 E 与 $\lg(\tau^{1/2}-t^{1/2})$ 的关系如图 3.10 所示。由图可知，E 与 $\lg(\tau^{1/2}-t^{1/2})$ 呈现良好的直线关系，符合不可逆电极反应的方程式（3.11），说明碳酸根离子的还原是一个不可逆的过程，且直线斜率 $2.303RT/\alpha nF$ 的值为 0.16，由此可计算出 α 为 0.32，比循环伏安法计算得到的值稍大些。

3.2.5 沉积产物表征

基于循环伏安、计时电位的实验结果，在 CO_2 气氛下 1023K 的 44.23LiF-45.77NaF-10.00Li_2CO_3 熔盐体系中采用镍片为工作电极进行恒电位电解。电解 6h 后，将阴极从熔盐中取出冷却后，发现在电极上有一层黑色的沉积产物。电极冷却至室温后，用稀盐酸和蒸馏水洗涤去除附着在电极表面上的熔盐电解质，烘干后送检测分析。采用 SEM 观察电沉积产物的形貌，并用 EDS 能谱分析元素成分。

图 3.11 为 1023K 的 44.23LiF-45.77NaF-10.00Li_2CO_3 熔盐体系在 1atm 的 CO_2

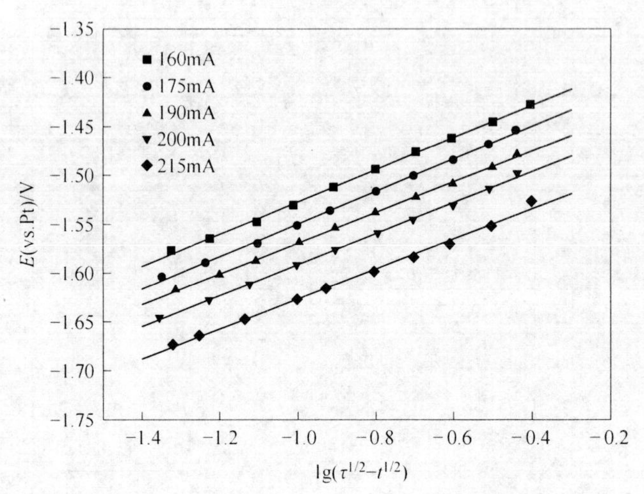

图 3.10 E 与 lg（$\tau^{1/2}-t^{1/2}$）的关系曲线

图 3.11 电位为-1.4V 时在 1023K 的 44.23LiF-45.77NaF-10.00Li_2CO_3 熔盐中镍电极上沉积碳的 SEM 和 EDS 图

（a）SEM 图，倍数 500；（b）SEM 图，倍数 5000；（c）EDS 图谱

气氛下，镍电极在-1.4V 恒电位电解 6h 得到产物的 SEM 图和 EDS 能谱图。

图 3.11（a）是放大倍数为 500 倍的 SEM 图片，从图中可以看出，在镍电极上沉积得到产物的表面较平整，成小球形颗粒状。将放大倍数提高到 5000 倍，如图 3.11（b）所示，从图中可以看出，电解产物的形貌呈明显的球形颗粒状堆积在一起。通过 EDS 能谱对球形颗粒的元素进行分析，结果如图 3.11（c）所示，由能谱分析结果可知，电沉积得到的球形颗粒物质中仅含有碳元素，未检测到其他元素，这说明电解产物为碳，而且电极经过洗涤之后电解质熔盐被洗涤得比较干净，未检测出熔盐电解质中的其他元素。

图 3.12 为 1023K 的 44.23LiF-45.77NaF-10.00Li_2CO_3 熔盐体系在 1atm 的 CO_2 气氛下，-1.4V（vs. Pt）恒电位电解 6h 镍电极上得到产物的 XRD 分析图。沉积物的 XRD 峰与 03-065-6212 号标准卡片的特征峰相吻合，在 2θ 角为 26.4°时存在一个尖锐的衍射峰对应于六边形结构的石墨碳的（002），其他在 42.3°、44.4°、50.6°、54.5°、77.4° 和 83.6° 分别对应于（100）、（101）、（102）、（004）、（110）和（112）的衍射峰。

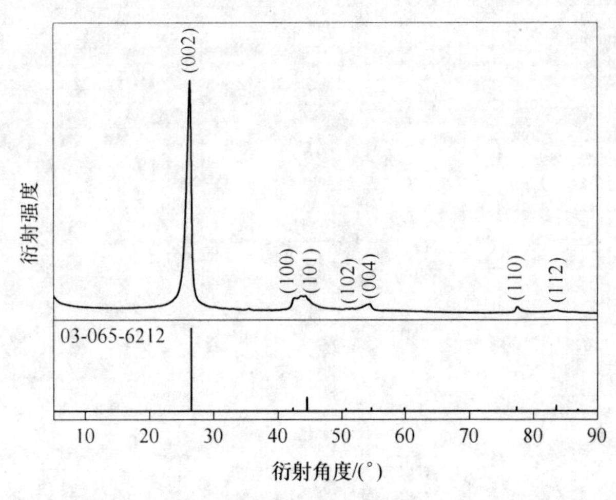

图 3.12 电位为-1.4V 在 1023K 的 44.23LiF-45.77NaF-10.00Li_2CO_3 熔盐中镍电极上沉积碳的 XRD 图

3.3 本章小结

采用循环伏安、方波伏安和计时电位等电化学研究方法，在 1atm 的 CO_2 气氛下研究了 48.55LiF-50.25NaF-1.20Li_2CO_3 熔盐体系中碳酸根离子在镍电极上的电化学还原过程，对碳酸根离子的电化学还原机理进行了深入的探讨，得出以下结论：

（1）在 48.55LiF-50.25NaF-1.20Li_2CO_3 熔盐体系中，碳酸根离子在镍电极上

的电化学还原机理是一步得四个电子的反应过程，即碳酸根离子的还原反应为：$CO_3^{2-}+4e^-=C+3O^{2-}$，且电极反应是不可逆的。

（2）通过循环伏安法计算得到电荷传递系数 α 的值为 0. 21，计时电位法计算得到的电荷传递系数 α 的值为 0. 32。在 1023K 的 48. 55LiF-50. 25NaF-1. 20Li_2CO_3 熔盐体系中，碳酸根离子的扩散系数为 $5.31\times10^{-5}cm^2/s$。

（3）计算了不同温度下碳酸根离子的扩散系数，获得扩散系数与温度的关系式为：$\ln D=-5.60-4308.50/T$，对应的扩散活化能 $E_a=35.80kJ/mol$。

4 $LiF-Li_2CO_3$ 熔盐体系转化 CO_2 制备碳膜

CO_2 是主要的温室气体之一，但也可作为一种无毒、易得的碳资源[125]。从资源的循环利用角度考虑，将 CO_2 作为原料进行转化利用或对其分解制备碳材料具有潜在的研究价值和重要的研究意义。然而，CO_2 是碳的最高价氧化物，其稳定性强，热力学高度惰性，在温和的条件下很难将其直接分解。研究发现，通过熔盐吸收 CO_2 使其转化为碳酸盐，再对其电解制备碳膜可实现 CO_2 的转化利用，是有效转化利用 CO_2 的重要方法之一[60]。

本章内容主要研究采用熔盐电解法在 $LiF-Li_2CO_3$ 共晶熔盐体系中将 CO_2 分解为碳，在金属镍和钼基体上沉积碳膜，观察基体与碳膜间的结合形态，考察阴极电极电位对沉积碳膜形貌的影响。熔盐体系作为反应介质具有导电性能优良、蒸汽压低、热容量大、热稳定性好、可操作温度范围广等特点。另外，在熔盐电解质中电化学转化 CO_2 最大的优点就是 CO_2 的溶解度高，相对于水溶液，含有碳酸根或氧离子的熔盐介质能更好地吸收 CO_2。本章选取熔点较低的混合共晶熔盐体系 $LiF-Li_2CO_3$ 作为电解质用于电解 CO_2 制备碳的研究，有效降低了在纯碳酸盐中电解的反应温度，利于电沉积碳。

4.1 碳酸盐理论分解电压计算

熔盐电化学分解 CO_2 通常是在纯碳酸盐或者是在含有碳酸盐的熔盐体系中进行[54]，通过熔盐电解质吸收 CO_2 并电解，CO_2 与熔盐体系中的氧离子或碳酸根离子相互作用，可能发生的反应有[126,127]：

$$CO_2 + O^{2-} = CO_3^{2-} \tag{4.1}$$

$$CO_2 + CO_3^{2-} = C_2O_5^{2-} \tag{4.2}$$

$$nCO_2 + CO_3^{2-} = C_{(n+1)}O_{(2n+3)}^{2-} \tag{4.3}$$

电解过程在阴极上可能发生的反应有：

（1）CO_3^{2-} 电化学还原为碳：

$$CO_3^{2-} + 4e^- = C + 3O^{2-} \tag{4.4}$$

（2）CO_3^{2-} 电化学还原为一氧化碳：

$$CO_3^{2-} + 2e^- = CO + 2O^{2-} \tag{4.5}$$

（3）碱金属离子的电化学还原：

$$M^+ + e^- \longrightarrow M（M 代表 Li、Na、K） \tag{4.6}$$

在采用惰性阳极电解的情况下，阳极反应可能为：

$$CO_3^{2-} \longrightarrow CO_2 + 0.5O_2 + 2e^- \tag{4.7}$$

将阴极反应和阳极反应相加，可得到碳酸盐的电化学分解反应，碳酸盐的电化学分解可按以下三种方式进行：

$$M_2CO_3(l) \longrightarrow 2M(l) + CO_2(g) + 0.5O_2(g) \tag{4.8}$$

$$M_2CO_3(l) \longrightarrow M_2O(l) + C(s) + O_2(g) \tag{4.9}$$

$$M_2CO_3(l) \longrightarrow M_2O(l) + CO(g) + 0.5O_2(g) \tag{4.10}$$

根据化学热力学定律，$\Delta G_T = -nFE_T$，式中 ΔG_T 为某温度下反应的吉布斯自由能；E_T为某温度下电化学反应的理论电动势；n 为转移电子数；F 为法拉第常数。理论分解电压与热力学理论电动势数值相等。因此，可以通过各反应的吉布斯自由能来计算理论分解电压。各反应的吉布斯自由能 ΔG_T 可以通过热力学计算软件 Factsage 6.4 计算得出。

通过计算得到的碳酸盐在不同温度下的理论分解电压变化值如图 4.1 所示。从图 4.1 可以看出，碳酸盐的理论分解电压的变化趋势都是随温度的升高而降低，在同一种反应模式下，碳酸钾的理论分解电压最高，其次是碳酸钠，而碳酸锂的理论分解电压最低；从单一碳酸锂三种电解反应模式的理论分解电压来看，碳酸锂分解为锂的理论分解电压最高，在温度低于 1250K 时，即低温下电解碳酸锂更有利于碳的析出，高于 1250K 时电解碳酸锂优先反应的是析出 CO。

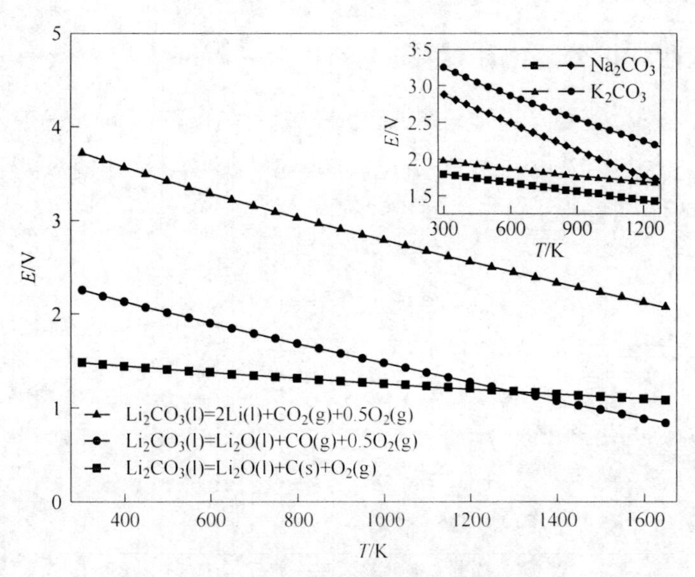

图 4.1 生成不同产物的碳酸盐理论分解电压

由此可知，电解碳酸盐很难发生碱金属的析出反应，相对于碳酸钾和碳酸钠，在同一温度下碳酸锂的理论分解电压最小，而且在低温下碳酸锂电化学还原最容易生成碳，这说明在熔盐体系中有碳酸锂的存在时更有利于碳的沉积。因此，含碳酸锂的熔盐电解质是电化学转换 CO_2 的最佳选择。

4.2 LiF-Li_2CO_3 熔盐体系

电解质体系的选择对整个反应过程有着决定性的影响，本书研究的目的是将 CO_2 电化学转化为碳和氧气。通过上述碳酸盐理论分解电压的计算可知，碳酸锂电化学分解为碳的理论分解电压最低。因此，在含有碳酸锂的熔盐体系中电解 CO_2，有利于将 CO_2 电化学转化为碳的反应，而且低温下更有利于在阴极上析出碳的反应。综合考虑熔盐的化学稳定性和电解实验温度，选择 LiF-Li_2CO_3 熔盐体系用于电解 CO_2 制备碳的研究。图 4.2 是 LiF-Li_2CO_3 二元体系相图。从图中可以看出，LiF-Li_2CO_3 二元体系共晶点成分为 LiF：Li_2CO_3 = 0.48：0.52（摩尔比），共晶点温度为 890 K。实验选用共晶成分的 LiF-Li_2CO_3（即 24.47LiF-75.53Li_2CO_3，LiF：Li_2CO_3 的质量比为 24.47：75.53）熔盐作为电解质进行电化学转化 CO_2 沉积碳的研究。实验前首先对药品进行干燥预处理，将 LiF 和 Li_2CO_3 在 573K 的烘箱中干燥 48h 以上，干燥好的试剂放入手套箱中储存备用。为了防止熔盐在配料过程吸收空气中的水分，在手套箱中完成 24.47LiF-75.53Li_2CO_3 混合熔盐电解质配料。

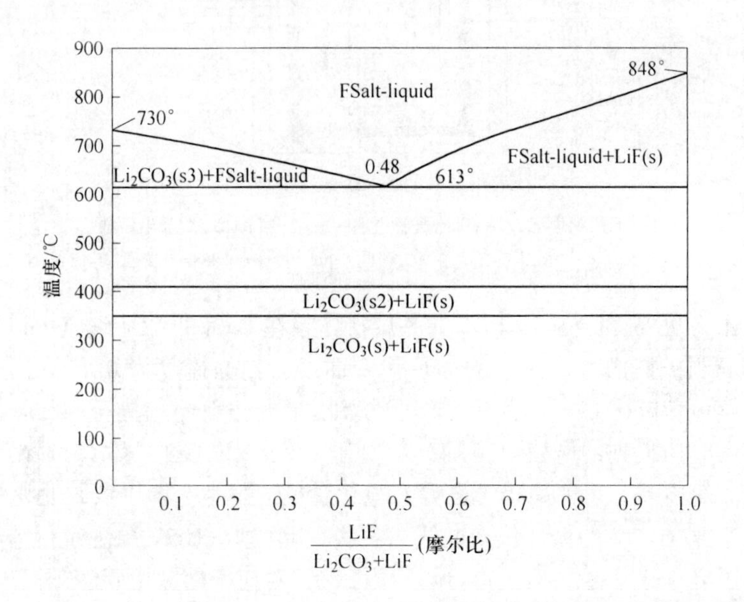

图 4.2 LiF-Li_2CO_3 二元体系相图

4.3 Ni 电极上沉积碳膜

4.3.1 循环伏安

为了确定 LiF-Li_2CO_3 共晶熔盐体系中碳酸根离子的还原电位，首先进行循环伏安扫描。循环伏安扫描和电沉积实验均在图 4.3 所示的实验装置中进行。循环伏安扫描采用的是直径为 0.7mm 的镍丝为工作电极，直径为 0.5mm 的铂丝作为参比电极，辅助电极为直径为 1.0mm 的铂丝。在恒电位电解实验时，将工作电极更换为 2mm×3mm 的镍片，对电极为 Pt 片，参比电极保持不变。

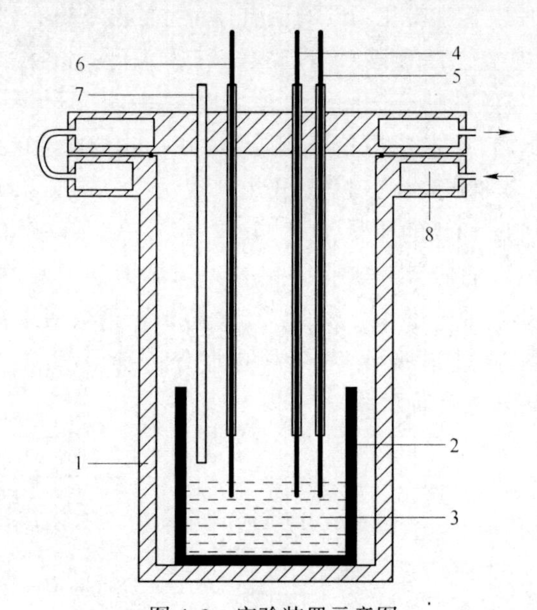

图 4.3 实验装置示意图

1—不锈钢坩埚；2—高纯石墨坩埚；3—LiF-Li_2CO_3 熔盐电解质；
4—工作电极；5—参比电极；6—辅助电极；7—CO_2 进气管；8—冷却水

图 4.4 为 963K 的 LiF-Li_2CO_3 共晶熔盐体系在 1atm 的 CO_2 气氛下以镍为工作电极时不同阴极扫描电位区间的循环伏安曲线，扫描速度为 0.1V/s，起始扫描电位为开路电位（0.1V）。从图 4.4 可以看出，电位负向扫描至-0.5V（文中未作特殊声明时所提到的电极电位均为相对于 Pt 参比电极的电位）时在阴极上开始产生法拉第电流，表明电极上开始有电化学反应发生，图中实线是电位扫描范围为+1.5V 到-1.7V 的循环伏安曲线，实线在电位为-1.5V 出现了一个不太明显的阴极还原峰（图 4.4 中右下部分可以看出），对应于熔盐中碳酸根离子的还原，当电位继续往负向扫描至-1.7V 时，电流持续增大，对应于熔盐电解质中的锂离子还原成金属锂的反应，在电位反向回扫的过程中，存在一个明显的氧化峰，对

应于沉积锂的氧化反应。虚线是电位扫描范围为+1.5V 到-1.3V 的循环伏安曲线，当负向扫描至-1.3V 时改变电位的扫描方向，在反向扫描未出现明显的氧化峰，这进一步证明循环伏安实线上的氧化峰为沉积锂的氧化电流峰。

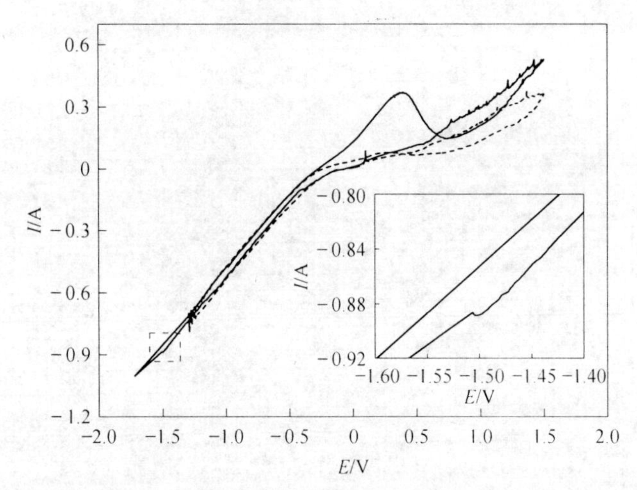

图 4.4　1atm CO_2 气氛下 LiF-Li_2CO_3 共晶熔盐体系中的循环伏安图（WE：Ni，T=963K，v=0.1V/s）

4.3.2　电沉积碳膜

根据循环伏安曲线可知，LiF-Li_2CO_3 共晶熔盐体系中碳酸根离子的还原反应峰电位在-1.5V。因此，选择在电位为-1.5V 下用镍片作为工作电极进行恒电位电解。图 4.5 为镍电极在电解实验前和电解后的图片，其中，图 4.5（a）为电解前的镍电极照片，图 4.5（b）为 CO_2 气氛下在 LiF-Li_2CO_3 熔盐体系中电解 1h 后的镍阴极照片，电解实验结束后，将阴极从熔盐电解质中提起，并随炉冷却至室温。由图 4.5（b）可以看出在镍阴极表面上明显生成了一层黑色的碳。

图 4.6 为在 CO_2 气氛下电解不同温度的 LiF-Li_2CO_3 共晶熔盐 1h 后得到的镍阴极断面组织的 SEM 和 EDS 分析图。图 4.6（a）为 943K 下电解 1h 后的阴极断面 SEM 图片，可观察到在镍阴极表面上沉积有黑色的碳层，并且有少量的碳渗到镍基体内部。图 4.6（b）为 963K 下电解 1h 后的阴极断面 SEM 图片，可观察到阴极表面形成了明显的 Ni-C 镶嵌层，渗碳层与基体之间呈锯齿状结合，这种结合方式能使沉积碳和镍基体的结合更牢固。渗碳层和镍基体之间呈现锯齿状的冶金结合方式，可能是由于阴极表面的活性镍原子在高温和电子的作用下，更有利于沉积的 C 原子向其内部渗透，沉积的碳与镍基体形成稳定的 Ni-C 镶嵌层，从而出现了渗碳中间层。对比 943K 和 963K 电解后的阴极断面 SEM 图像，可以明显看出，963K 下电解时形成的 Ni-C 镶嵌层更明显，说明升高温度，可促进沉

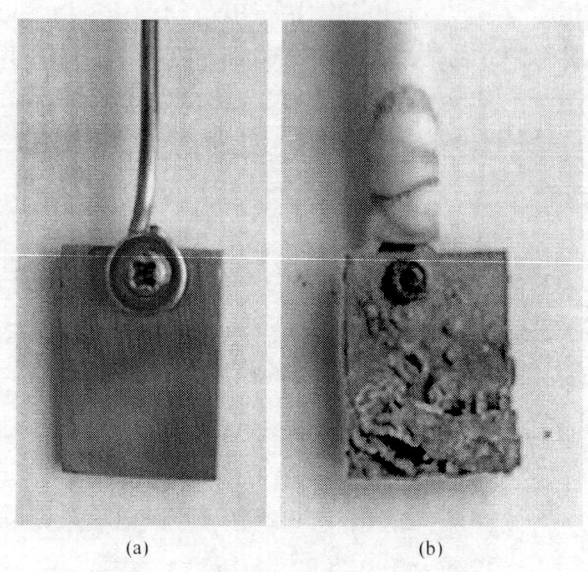

(a)　　　　(b)

图 4.5　Ni 电极电解前和电解后的图片

积 C 原子向金属镍电极渗透扩散，渗碳层厚度增加。通过分析 Ni-C 二元相图，Ni 和 C 之间不能形成化合物，因此可以判定碳是通过渗透扩散进入镍基体。

为了确定 SEM 图中各区域的元素分布情况，进行了 EDS 能谱分析，选取了图 4.6（b）中具有代表性的两个区域进行 ESD 能谱测试。图 4.6（b）中 A、B 两区域的能谱分析图谱如图 4.6（c）、（d）所示。由图 4.6（c）可知，A 区域化学元素的质量分数为：$w(C)=7.1\%$，$w(O)=12.4\%$，$w(Ni)=80.5\%$；由图 4.6（d）知，B 区域化学元素的质量分数为：$w(C)=31.4\%$，$w(O)=11.2\%$，$w(Ni)=57.4\%$。从 C 和 Ni 的质量分数可以看出，B 区域中的碳元素含量比 A 区域的明显要多，这是因为 A 区域是镍基体表面形成的碳膜层，碳含量较多，电解过程中碳的沉积主要是在镍阴极的表面生成。同时，在 A 区域也含有一定的金属镍，是由于在金属镍基体表面形成碳膜的同时，金属镍和 C 原子之间存在相互渗透扩散，有少量的镍元素渗到碳膜层。

为了进一步考察 C 元素在渗碳层中的分布规律，对其界面化学元素进行面扫分析，结果如图 4.7 所示。由图 4.7 的元素面扫结果可知，C 元素主要存在于基体镍的外表面上，形成一层碳膜层，而且在阴极镍表面内部碳原子分布较均匀，形成一层良好的 Ni-C 镶嵌的过渡层。

为了考察电位对镍阴极上沉积碳形貌的影响，在不同阴极电位下进行恒电位电解，电解 1h 后的阴极用稀盐酸和蒸馏水洗涤去除电极表面附着的熔盐电解质，将洗净的阴极烘干送检测分析，通过 SEM 观察电解之后的阴极表面沉积碳的形貌。图 4.8 为在 1atm 的 CO_2 气氛下 963K 的 LiF-Li_2CO_3 共晶熔盐体系中，在不同

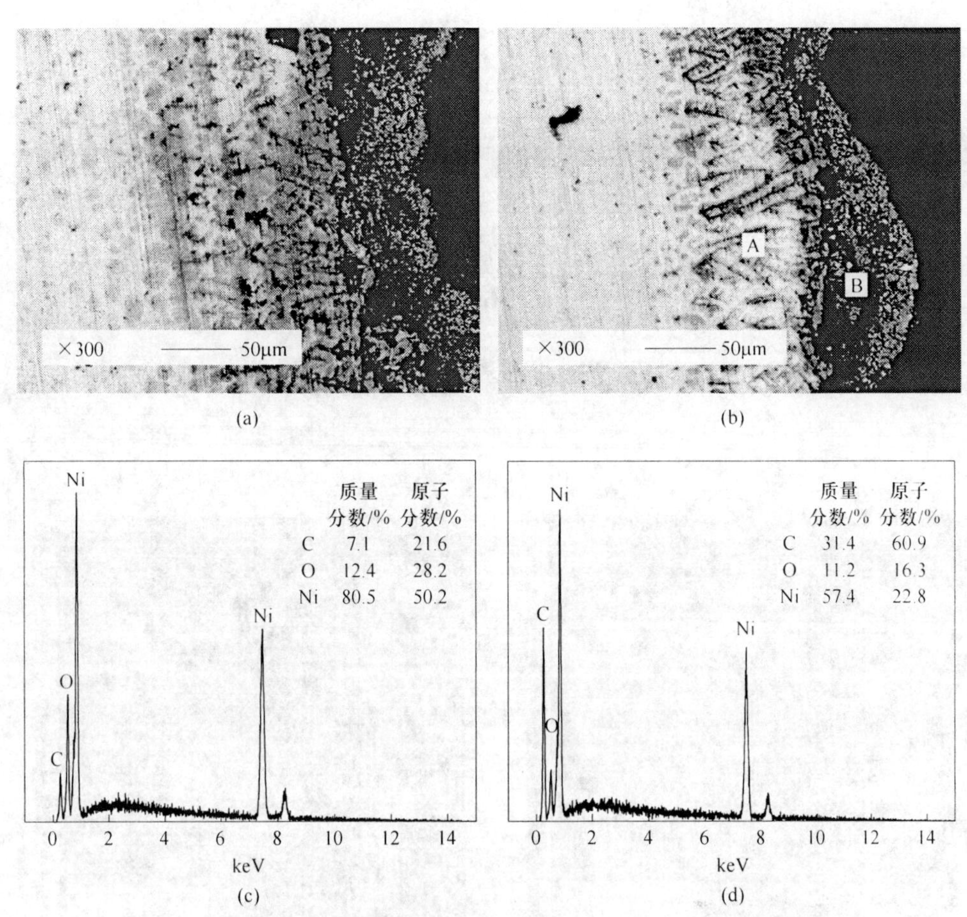

图 4.6 在 1atm CO_2 气氛下电解不同温度的 LiF-Li_2CO_3 共晶熔盐 1h 后的镍阴极截面 SEM 图像和 EDS 分析图谱

(a) 943K；(b) 963K；(c) 图 (b) 中 A 区域能谱图；(d) 图 (b) 中 B 区域能谱图

电位下电解 1h 后阴极镍表面上得到的沉积产物 SEM 照片。从图中可以看出，在电位为-0.9V(vs. Pt) 时，阴极镍表面获得的碳膜较薄，外观形貌呈现出片状结构；在更负的电位分别为-1.1V(vs. Pt) 和-1.3V(vs. Pt) 下电解，阴极镍表面的碳膜较均匀，呈现出球形颗粒状结构，相对于电位为-1.3V(vs. Pt)，在-1.1V(vs. Pt) 下获得的碳膜表面较平整。然而，在电位为-1.5V(vs. Pt) 下电解，阴极表面得到的碳膜较粗糙，SEM 图像显示碳膜的形貌为晶须状。上述碳膜形貌的变化可认为是晶核的形成与长大共同作用的结果，电沉积是发生在电极/熔融电解质界面，结晶成核速度与晶核长大速度与过电位有直接关系，在更负的阴极电极电位电解，导致阴极过电位增加，结晶成核速度加快，促使绝大部分碳颗粒还没有来得及长大就被新的形核晶粒所掩盖，抑制晶核的长大过程，从而导致沉积

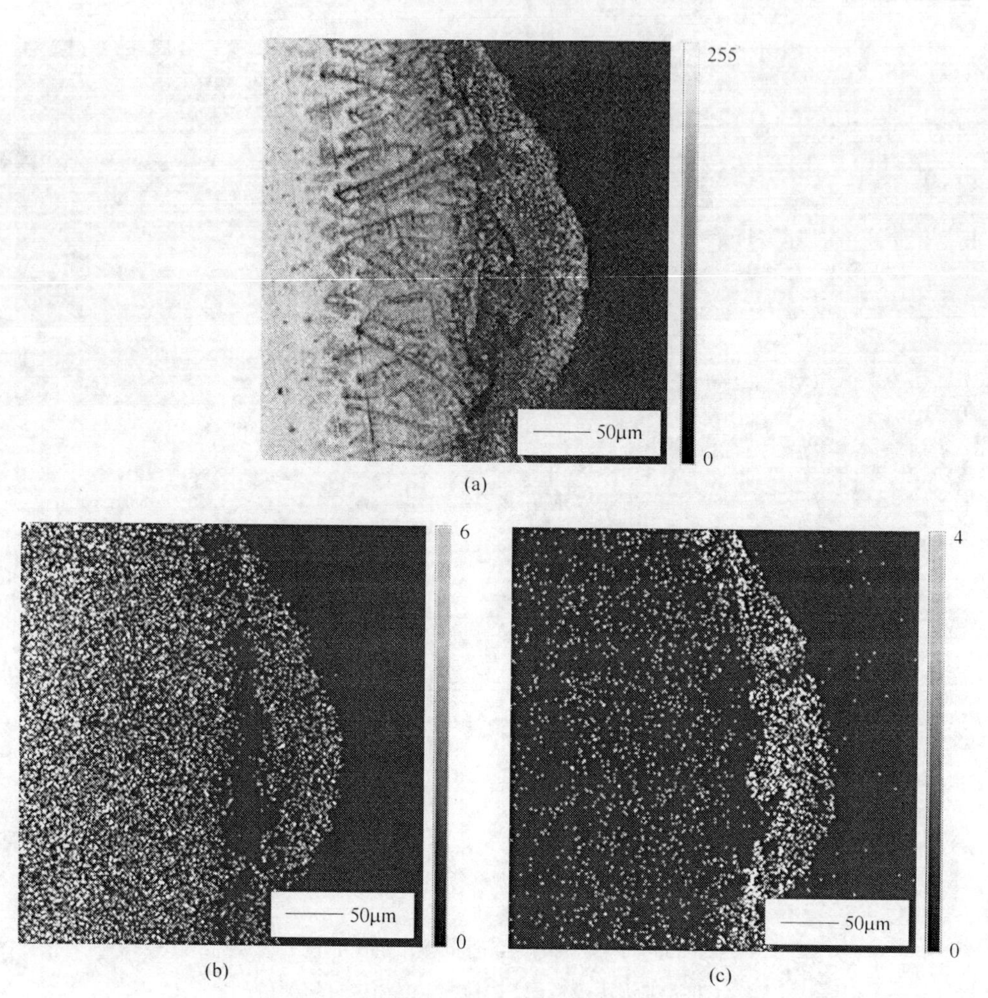

图 4.7 阴极截面 SEM 图像及元素面扫分析
(a) SEM 图像; (b) Ni 元素; (c) C 元素

的碳膜颗粒较小，碳膜表面较粗糙。反之，在较正的阴极电极电位下电解，过电位减小，减少了沉积碳的二次形核率，有利于晶核的长大过程，从而得到的碳膜颗粒较大。

图 4.9 为温度 963K 的 LiF-Li_2CO_3 共晶熔盐体系在 CO_2 气氛下阴极电位为 -0.9V时电解 1h 镍阴极表面碳膜的 XRD 图。由于阴极电极电位较正，通过阴极的电流较小，在阴极表面获得碳膜较薄，在进行 XRD 检测时 X 射线容易照射到金属镍基体表面，因此，电沉积产物的 XRD 图谱中出现有金属镍的衍射峰。由图 4.9 可知，阴极表面碳膜的 X 射线衍射峰只有 Ni 和 C 的衍射峰，未检测出杂质和其他反应物，说明电极表面的熔盐电解质被洗涤干净。

图 4.10 是温度为 963K 的 LiF-Li_2CO_3 共晶熔盐在 CO_2 气氛下阴极电位分别

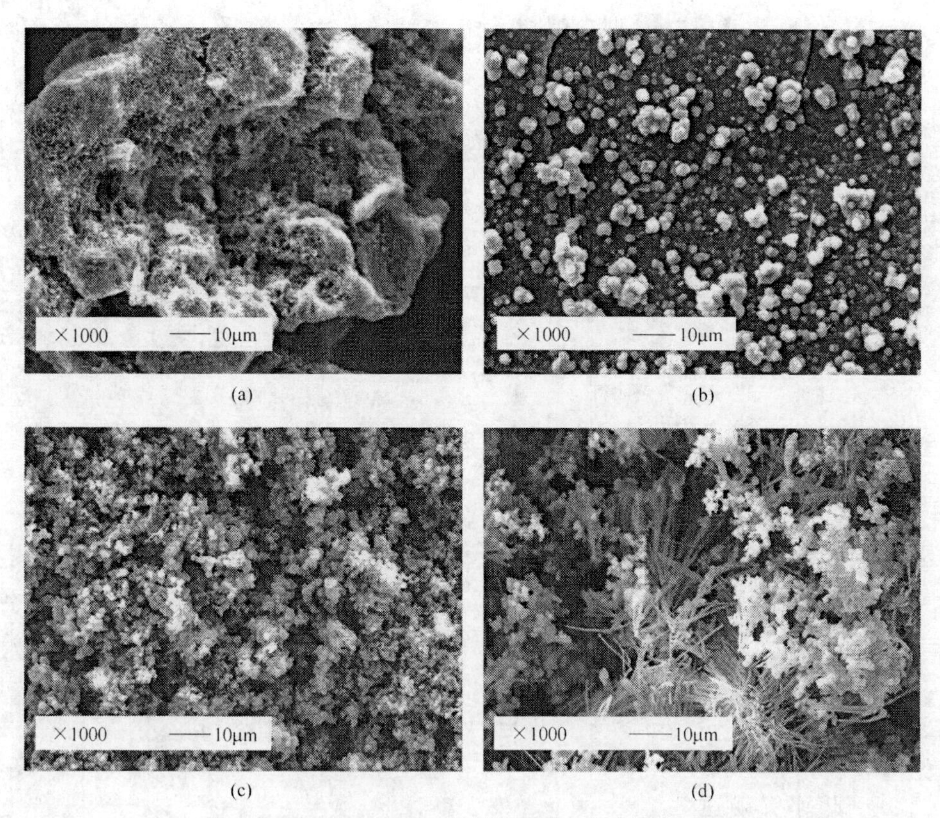

图4.8 在1atm的 CO_2 气氛下不同电位电解963K的 $LiF-Li_2CO_3$ 共晶熔盐1h得到的阴极表面碳膜SEM图

(a) -0.9V; (b) -1.1V; (c) -1.3V; (d) -1.5V

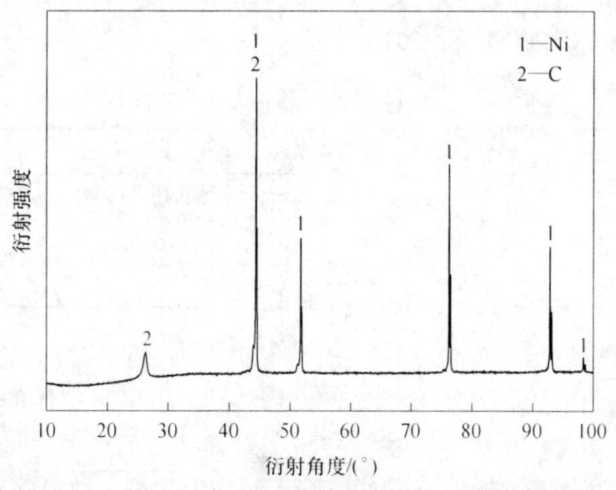

图4.9 在1atm CO_2 气氛下电位为-0.9V电解963K的 $LiF-Li_2CO_3$ 共晶熔盐1h得到碳膜的XRD图

为-1.1V、-1.3V 和-1.5V 时电解 1h 阴极表面碳膜的 XRD 图。由图可知，碳膜的 XRD 图谱上位于 26.4°、44.5°、54.5°的三强峰与石墨碳标准图谱的三强峰位置一致，分别对应为（002），（101）和（004）晶面。因此，可以判定在阴极表面得到的碳膜为石墨化碳。

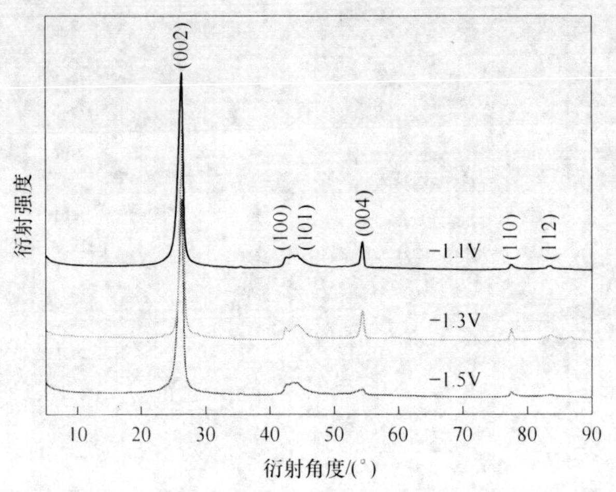

图 4.10 在 1atm CO_2 气氛下不同电位电解 963K 的 LiF-Li_2CO_3 共晶熔盐 1h 得到碳膜的 XRD 图

4.3.3 碳膜性能测试

通过划痕实验来测量碳膜与基体的结合强度，表 4.1 为通过涂层附着力自动划痕仪测得的不同电位下电沉积得到的石墨涂层与金属镍基体的附着力数值。在碳膜附着力测试的过程中，分别选取附着在镍基体上不同位置的碳膜进行测试，然后取其平均值，得到碳膜附着力的数值。

表 4.1 碳膜与金属镍基体的附着力测试值

试样（沉积电位）	临界载荷/N	临界载荷/N	临界载荷/N	平均/N
1（-1.1V）	5.386	5.609	6.498	5.831
2（-1.3V）	5.073	5.225	5.446	5.248
3（-1.5V）	4.987	5.034	5.225	5.082

由表 4.1 可以看出，在电位为-1.1～-1.5V（vs. Pt）时沉积得到的石墨涂层与金属镍基体的附着力都在 5.0N 以上，说明石墨涂层与基体的结合强度较好。但随着阴极沉积电位的增大，石墨涂层与金属镍基体的附着力呈现下降的趋势，这可能是由于阴极电位越负，沉积的碳膜表面变得疏松，使得碳膜与基体之间的粘附强度减弱。

通过极化曲线外推法测定研究电极的自腐蚀电位。分别将裸露的金属镍电极和含有石墨涂层的金属镍电极在 3.5%氯化钠电解质溶液中浸泡数分钟，待开路电位稳定后测定体系的极化曲线。极化曲线工作电极分别为裸露的金属镍片和含有石墨涂层的金属镍片，对电极为铂片，饱和甘汞电极为参比电极。图 4.11 为裸露的金属镍电极和在-1.3V(vs. Pt) 下镀有石墨涂层的金属镍电极的塔菲尔极化曲线。极化曲线测试的扫描速率为 0.001V/s。由图 4.11 可知，裸露的金属镍电极在 3.5%的氯化钠溶液中的自腐蚀电位为 0.046V(vs. SCE)，而含有碳膜的金属镍的自腐蚀电位为 0.785V(vs. SCE)。金属镍表面涂覆碳膜之后，可以大幅度地提高金属镍的自腐蚀电位，能有效防止金属镍在 3.5%的氯化钠溶液中的阳极溶解。

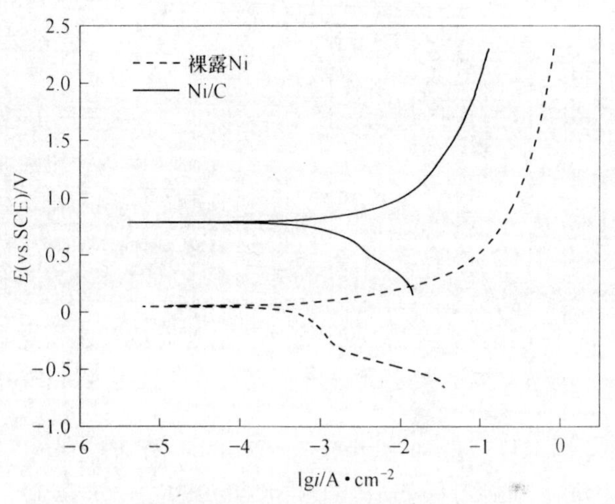

图 4.11 裸露金属镍和镀有碳膜的金属镍电极在 3.5%氯化钠溶液中的极化曲线

4.4 Mo 电极上沉积碳膜

由上可知，采用 Ni 电极在 LiF-Li_2CO_3 共晶熔盐体系中电化学转化 CO_2，在 Ni 阴极上沉积得到了碳。为了进一步考察不同电极材料是否对电沉积产物有一定的影响，选择了 Mo 作基体进行研究，考察 Mo 阴极材料对沉积产物形貌的影响。

4.4.1 循环伏安

为了确定 24.47LiF-75.53Li_2CO_3 熔盐体系中碳酸根离子在钼电极上的还原电位，同样首先需要进行循环伏安扫描，确定其还原电位。实验采用 ϕ1.0mm 的钼丝作为工作电极，ϕ0.5mm 的 Pt 丝作为参比电极测量了 24.47LiF-75.53Li_2CO_3 熔盐体系中的循环伏安曲线。图 4. 12 为温度 963K 的 24. 47LiF-75. 53Li_2CO_3 熔盐体系在 CO_2 气氛下以钼为工作电极时的循环伏安曲线，扫描速度为 0. 1V/s。从图 4. 12 可以看出，负向扫描至-0. 5V 时在钼电极上开始产生阴极法拉第电流，此时，24. 47LiF-75. 53Li_2CO_3 熔盐体系中的碳酸根离子开始还原，得到的循环伏安曲线与 Ge 等[128]研究 LiCl-Li_2CO_3 熔盐体系中在钨电极上得到的循环伏安曲线基本一致。当电位扫描至-1. 2V 进行转向，正向扫描过程中，在电位为-0. 8V 处，发现负向扫描与正向扫描的电流曲线存在交叉现象，即在阴极出现明显的“感抗性的电流环”，表明物质在阴极还原时经历了晶核形成过程[129,130]。

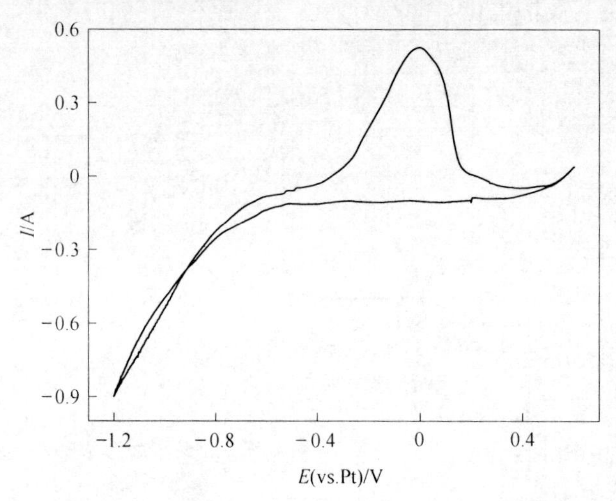

图 4. 12　在 1atm CO_2 气氛下 24. 47LiF-75. 53Li_2CO_3 熔盐中的循环伏安图（WE：Ni，T=963K，v=0. 1V/s）

4.4.2　成核机理

采用计时电流法进一步研究碳在电沉积过程中的成核机理。碳的电化学沉积一般分为两个过程进行，首先是放电离子（如碳酸根离子）在电极上的放电，随后是电结晶过程。后者是吸附碳原子进入晶格成为碳沉积层的过程，它直接影响沉积层的结构与性能。在实验中，需要测试不同阶段对电结晶实际过程的影响。一般采用电位阶跃法（即计时电流法），因为在给定的电位下，可以将与电位相关的动力学参数均视为常数。在计时电流曲线上可以看出碳酸根离子在沉积过程中经历的各个阶段，在电势突跃最开始出现的双电层充电到晶核形成、长大和最终的扩散过程。其中，晶核形成和长大过程在碳沉积方面具有理论指导实践的重要意义。

Gilbbs 于 1878 年首次对电结晶理论进行了阐述。经过后来不断地研究发展，目前电结晶模型主要分为两种模型：二维成核模型和三维成核模型。其中，二维成核模型由 Bewick，Fleischmann 和 Thirsk 在 20 世纪 50 年代提出的 BFT 模型。然而，晶核的二维生长过程主要发生在单晶金属基体上，在大多数基体上往往是三维生长方式。因此，Scharifker 和 Hills 于 20 世纪 80 年代提出的扩散控制下的三维生长模型得到了非常广泛的应用。

考虑晶核数随时间的变化，可以将晶核生长过程分为连续成核（progressive nucleation）和瞬时成核（instantaneous nucleation）。瞬时成核生长过程中始终没有新的晶核形成，即所有的晶核都在结晶开始时同时生成，而连续成核过程晶核数随时间而增加。针对测得的 i-t 曲线的峰值点，Scharifker 和 Hills 提出了经典的无量纲模型，其经过无纲量转换得到的无因次方程式见式（4.11）和式（4.12），是判断成核机理最常用的方式[131~133]。

$$\left(\frac{i}{i_m}\right)^2 = 1.2254\left(\frac{t}{t_m}\right)^{-1}\left\{1 - \exp\left[-2.3367\left(\frac{t}{t_m}\right)^2\right]\right\}^2 \tag{4.11}$$

$$\left(\frac{i}{i_m}\right)^2 = 1.9542\left(\frac{t}{t_m}\right)^{-1}\left\{1 - \exp\left[-1.2564\left(\frac{t}{t_m}\right)\right]\right\}^2 \tag{4.12}$$

式中 i——电流密度，A/cm^2；

i_m——最大电流密度，A/cm^2；

t——时间，s；

t_m——电流达到最大时对应的时间，s。

其中，式（4.11）为连续成核的表达式，式（4.12）为瞬时成核的表达式。

图 4.13 为 1atm 的 CO_2 气氛下 963K 的 24.47LiF-75.53Li_2CO_3 熔盐体系中以钼为工作电极在不同的阴极电位下测得的计时电流曲线。

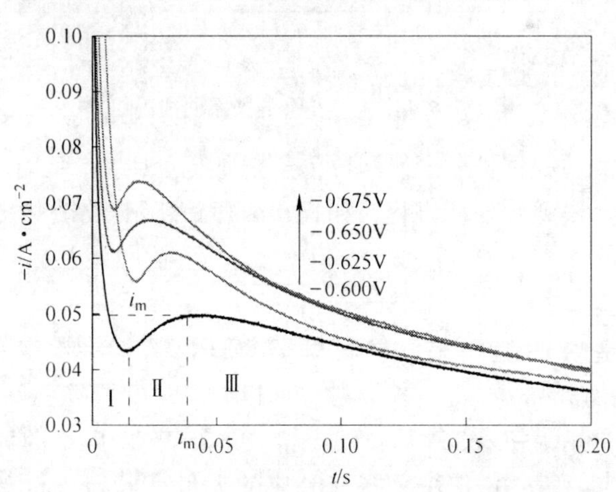

图 4.13 963K 的 24.47LiF-75.53Li_2CO_3 熔盐中钼电极在不同阴极电位的计时电流曲线

从图 4.13 中可以看出，计时电流曲线的整个过程可以分为三个阶段，第Ⅰ阶段：电流随着时间的增加而迅速衰减，此部分是电极双电层的充电过程及晶核的孕育阶段，因为双电层充电电流逐渐减小，所以在电位阶跃瞬间电流随时间急剧下降，同时碳的晶核开始形成；第Ⅱ阶段：随着时间的继续增加电流呈现增大趋势，这是因为随着电极表面新核的生成和晶核数目的增加，电极的活性面积也增大了，在此过程中，电流逐渐增大到极值 I_m（即电流密度最大为 i_m），对应的时间为 t_m；第Ⅲ阶段：电流逐渐减小，此时电极电化学反应受扩散控制，进入碳酸根离子的扩散控制阶段。对于整组曲线而言，随着施加电位的负移，成核过程进行得越快，阴极电流所能达到的极值 I_m 越大，所用的时间 t_m 越短。

图 4.14 是阴极电位为-0.625V(vs. Pt) 和-0.675V(vs. Pt) 时的阴极电流密度（i）与时间（$t^{-1/2}$）的关系曲线。从图中可以看出，电流密度（i）与时间（$t^{-1/2}$）呈现良好的直线关系，表明碳酸根离子的阴极还原过程是由扩散步骤控制。

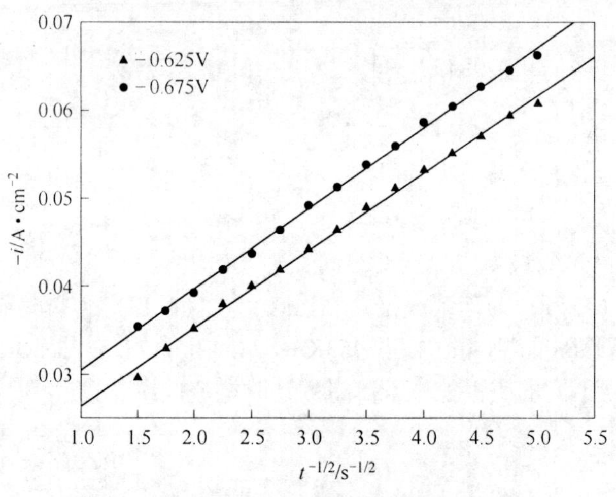

图 4.14 i 与 $t^{-1/2}$ 的关系曲线

1902 年，Cottrel 根据扩散定律和拉普拉斯变换，对一个平面电极上的线性扩散作了数学推导，得到 Cottrel 方程，如式（4.13）所示：

$$i = \frac{nFD^{1/2}C_0}{(\pi t)^{1/2}} \tag{4.13}$$

Cottrel 方程适用于扩散过程，在同一电解质体系，电解温度及电极表面积相同的条件下，$nFC_0(D/\pi)^{1/2}$ 是一个常数，所以 i 应与 $t^{-1/2}$ 成正比例关系。

将阴极电位分别为-0.625V(vs. Pt) 和-0.675V(vs. Pt) 的计时电流实验数据进行（I/I_m）与（t/t_m）作图，并与经典的无量纲模型进行对比，结果如图 4.15 所示。从图中可以看出，与经典的无量纲模型相比较，（I/I_m）与（t/t_m）的关系更接近于瞬时成核模型，因此，我们可以确定碳酸根离子在 24.47LiF-75.53Li_2CO_3 熔盐体系中以 Mo 为研究电极时，其成核过程属于瞬时成核过程。

另外，我们也观察到只有在 $t/t_m<2$ 时，实验数据与瞬时成核理论值才很接近，但在 $t/t_m>2$ 时，实验数据与瞬时成核理论值出现了一定的偏移，这可能是由于一些其他的类似吸附过程或者单层膜形成过程等的影响，文献[134]、[135]也报道了类似的现象。

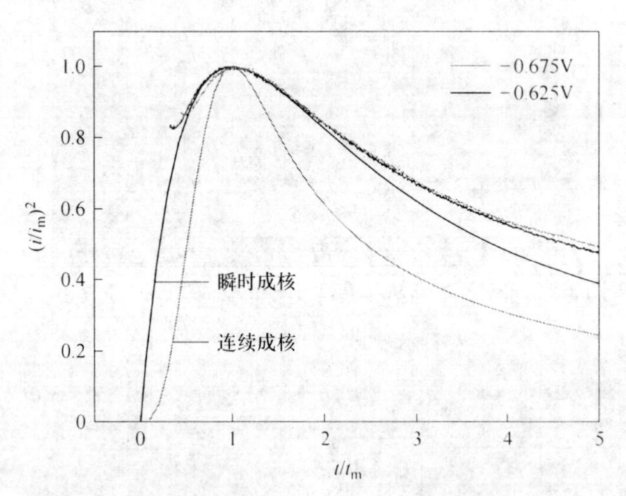

图 4.15 阴极电位为-0.625V 和-0.675V 时的实验数据与经典无量纲理论成核模型曲线的比较

4.4.3 电沉积产物碳的形貌

为了观察沉积碳在钼电极上的形貌以及沉积电位对沉积产物碳形貌的影响，进行了在 963K 的 24.47LiF-75.53Li_2CO_3 熔盐体系中分别应用-0.65V(vs. Pt)、-0.75V(vs. Pt)、-0.90V(vs. Pt) 和-1.05V(vs. Pt) 的电位进行电化学转化 CO_2 沉积碳的实验，电解时间均为 2h。电解结束将电极从熔盐中提起，并随炉冷却至室温。将钼电极从电极导杆上卸下，经稀盐酸和蒸馏水洗涤后烘干。

图 4.16 为在-0.90V(vs. Pt) 下电解后的阴极断面 SEM 图，从图中可以看出，在钼电极表面上形成了明显的碳层，沉积碳的厚度大约为 50μm，但未见碳与钼形成明显的镶嵌层。然而，Ge 等[136]对 LiCl-NaCl-Na_2CO_3 熔盐体系在 Mo 电极上沉积碳膜进行了研究，发现在碳膜和 Mo 基体之间形成了 Mo_2C 中间层。另外，从 SEM 图上还可以发现碳膜的边缘明显要低于钼基体，可能是在样品的打磨处理过程中碳膜容易从钼基体上脱落。

图 4.17 为不同电位下电解得到的电解产物的 SEM 图，由图可知，在电位为-0.65V(vs. Pt) 和-0.75V(vs. Pt) 下电解时，沉积碳的表面形貌较平整，在较高电位-0.90V(vs. Pt) 下电解时，在钼电极表面上出现有团絮状的碳，继续升高电位为-1.05V(vs. Pt) 时电解，沉积碳的形貌完全转变为团絮状。通过考

图 4.16 电位为-0.90V 在 963K 的 24.47LiF-75.53Li_2CO_3 熔盐体系中电解 2h 后的钼阴极截面 SEM 图

图 4.17 在 1atm 的 CO_2 气氛下不同电位电解 963K 的 24.47LiF-75.53Li_2CO_3 熔盐 2h 得到的阴极表面碳膜 SEM 图

(a) -0.65V；(b) -0.75V；(c) -0.90V；(d) -1.05V

察电位对沉积碳的形貌可知，在钼电极上沉积碳的形貌与在镍电极上沉积碳的形貌基本相似，电位对沉积碳的影响基本相同。

4.4.4 电沉积产物碳的拉曼光谱

拉曼光谱是确定碳材料石墨化程度最直接、最有效的方法，结构不同拉曼光谱不同。图 4. 18 为电位在-0. 75V(vs. Pt) 下电沉积得到的碳的拉曼光谱图。从图中可以看出，在拉曼光谱图上存在两个明显的拉曼峰，分别在 $1353cm^{-1}$ 和 $1580cm^{-1}$ 位置，其具有明显的碳质材料的特征。G-band($1580cm^{-1}$) 是由碳环或长链中的所有 sp^2 原子对的拉伸运动产生的；D-band($1353cm^{-1}$) 表示的是无序碳的特征[137,138]。一般我们用 D 峰与 G 峰的强度比来衡量碳材料的无序度，通常情况下，较高的 I_D/I_G 值表示分析的碳质材料中具有含量较高的 sp^2 成分[139~141]。使用 Gaussian 拟合将拉曼图中的峰分解为 D 峰和 G 峰，I_D/I_G 的值为 1. 48，说明在电位为-0. 75V 下电沉积得到的碳，含 sp^2 杂化的碳原子较低，即石墨化程度偏低。Kawamura 等[56] 报道了在 LiCl-KCl-K_2CO_3 熔盐体系中电化学转化 CO_2，在铝电极上沉积得到的碳膜的 I_D/I_G 值为 0. 98。

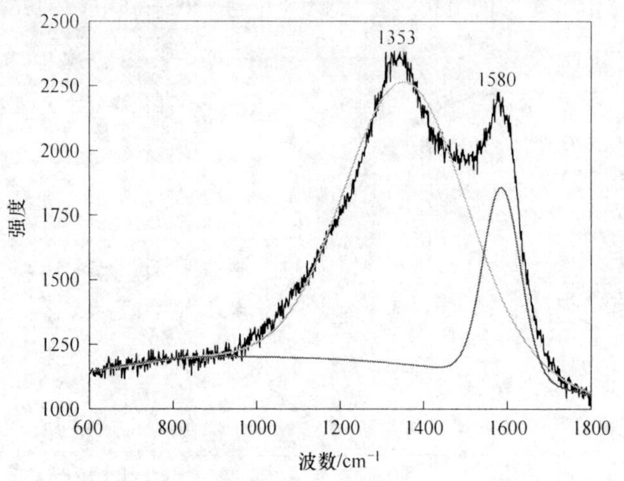

图 4. 18 在 963K 的 24. 47LiF-75. 53Li_2CO_3 熔盐中应用 -0. 75V 电位在钼电极上沉积碳的拉曼光谱

4.4.5 电流效率与电能消耗

在电解过程中电流效率和电能消耗是很重要的两个指标，在熔盐体系中电化学转化 CO_2 为碳和氧气需要消耗电能，从经济和节能的角度考虑，希望能获得较高的电流效率以及较低的电能消耗。因此，考察了采用 Mo 电极在不同电位下电沉积碳的电流效率和电能消耗变化情况。

电流效率可以通过式（4.14）计算：

$$\eta = \frac{m}{\frac{Q}{nF} \times M} \times 100\% \tag{4.14}$$

式中 m——阴极上实际得到的碳的质量，g；

Q——电解消耗的电量（可以由电解过程的电流-时间曲线进行积分求得），C；

N——反应转移电子数，$n=4$；

M——碳的摩尔质量，12.01g/mol。

电能消耗可以通过式（4.15）计算：

$$W = \frac{QU \times 10^{-3}}{m \times 10^{-3}} \tag{4.15}$$

式中 W——单位产量的电耗，kW · h/kg；

U——阴极和阳极之间的电压（在恒电位电解时，阴极和阳极之间的电压保持不变，可通过万用表测量），V。

图 4.19 为钼电极不同电位下电沉积碳的电流效率和电能消耗。

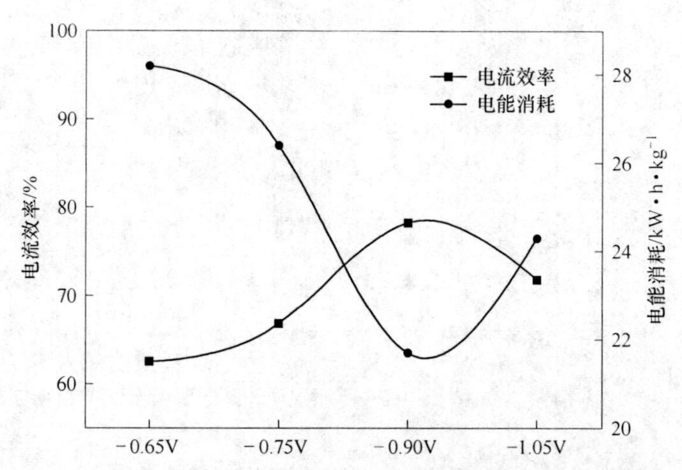

图 4.19 不同电位下电化学分解 CO_2 制备碳的电流效率和能耗图

从图 4.19 中可以看出，电位从-0.65~-0.9V 沉积碳时，随阴极电位的降低电流效率逐渐增大，电流效率从 62.5% 增大到 78.20%；在电位为-1.05V（vs. Pt）电沉积碳时，电流效率反而下降到 71.80%。在电位为-0.65V 下沉积碳时，电能消耗为 28.30kW · h/kg-C，随着阴极电位的逐渐降低，电能消耗也逐渐下降，在电位为-0.9V（vs. Pt）时，电能消耗最低为 21.70kW · h/kg-C，继续降低阴极电位沉积碳，即在电位为-1.05V（vs. Pt）下电沉积碳时，电能消耗又开始升高为 24.30kW · h/kg-C。在电能消耗上，本章实验得到的值要优于 Yin

等[61]实验得到的计算值。在电沉积碳的过程中会有少量沉积的碳流失在电解质中，或者在洗涤过程中有少部分碳被损失，上述部分沉积的碳都未在计算范围内，导致计算得到的电流效率值偏低，电能消耗偏高。

4.4.6 电解质组成分析

为了确定电解实验后的熔盐电解质成分是否发生改变，通过 XRD 对电沉积碳实验后的电解质进行了物相分析，结果如图 4.20 所示。经分析可知，沉积碳实验后的电解质成分主要为 Li_2CO_3 和 LiF，电解后的电解质成分基本没有改变。表明在 LiF-Li_2CO_3 共晶熔盐体系中电化学分解 CO_2 是可行的。

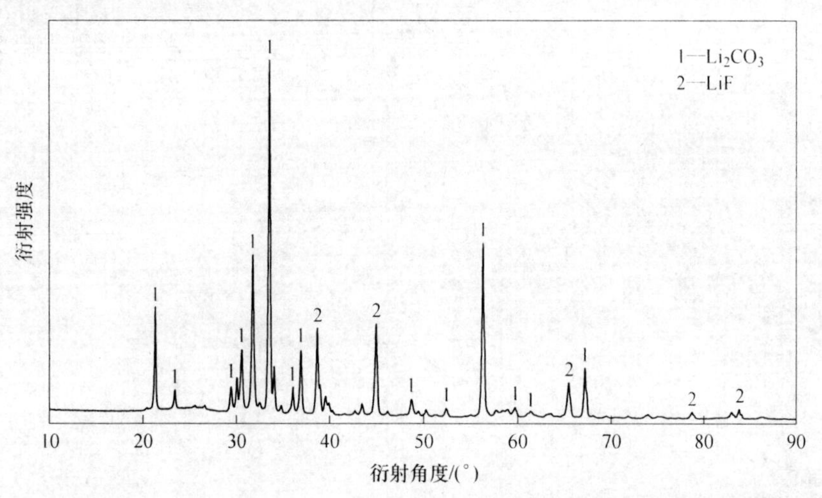

图 4.20 CO_2 气氛下在 24.47LiF-75.53Li_2CO_3 熔盐体系中电沉积碳实验后的电解质 XRD 图

4.5 本章小结

本章对 24.47LiF-75.53Li_2CO_3 熔盐体系电化学分解 CO_2 沉积碳膜进行了研究，主要研究了以 CO_2 为碳源，在不同电位下的金属镍和钼电极上沉积碳膜，通过 SEM 分析电沉积碳的形貌，研究了阴极电极电位对沉积碳膜形貌的影响规律；采用计时电流法研究了 1atm CO_2 气氛下 24.47LiF-75.53Li_2CO_3 熔盐体系中碳在钼电极上的成核机理。得出以下结论：

（1）通过计算碱金属碳酸盐的理论分解电压，得出碳酸锂分解为碳的理论分解电压最低，熔盐体系中存在碳酸锂更有利于碳的沉积。

（2）以镍为工作电极恒电位电沉积碳，在镍基体与碳膜之间形成了锯齿状的 Ni-C 镶嵌层，在 963K，Ni-C 镶嵌层明显。阴极沉积电位对沉积碳的形貌有影响，在电位为-1.1V(vs. Pt) 和-1.3V(vs. Pt) 时恒电位电沉积得到的碳膜表面比较平整，沉积碳的形貌呈现球形颗粒状，在电位为-1.5V(vs. Pt) 时电沉积得到的碳膜表面较粗糙，呈现晶须状的形貌。

（3）在 1atm 的 CO_2 气氛下电解 963K 的 24. 47LiF-75. 53Li_2CO_3 熔盐，在钼电极上电沉积得到碳。在 24. 47LiF-75. 53Li_2CO_3 熔盐体系中电化学分解 CO_2 沉积碳，碳在钼电极上的成核机理符合受扩散控制的三维瞬时成核模型。在钼电极上沉积碳的表面形貌与在镍电极上沉积碳的表面形貌基本相似。

（4）Raman 光谱分析结果表明，钼电极在电位为-0. 75V（vs. Pt）时电沉积得到石墨碳，其 I_D/I_G 值为 1. 48。通过计算钼电极在不同电位下沉积碳的电流效率和电能消耗，结果表明在电位为-0. 9V 时，电流效率最大为 78. 20%，电能消耗最低为 21. 70kW · h/kg-C。

5　LiF-KF-Li_2CO_3熔盐体系阳极析氧行为

为实现绿色生产，研究开发循环经济、低碳技术，国内外研究学者正在致力于铝电解用惰性阳极方面的研究。现行的铝电解工艺仍采用炭素阳极电解，炭素阳极在电解过程中不断消耗，不仅造成碳的浪费，排放出 CO_2、CO 和 CF_x 气体造成极大的环境压力，导致全球变暖[142,143]。惰性阳极电解可以实现电解过程温室气体零排放，并且释放出环境友好的氧气。石忠宁研究了铝电解用的惰性金属阳极，发现铁镍合金阳极电解过程中在金属阳极的表面会形成氧化铁陶瓷层、铁酸镍陶瓷相的保护膜，是一种良好的惰性阳极材料[94]。Olsen 等[144,145]研究了由 Fe_2O_3 和 NiO 两种氧化物混合制备得到铝电解用的 $NiFe_2O_4$ 惰性阳极材料。相比陶瓷惰性阳极，金属阳极材料具有良好的机械加工性、抗热震性，导电性能良好，与金属导杆连接容易[146]。基于此，选择铁镍合金阳极作为电化学分解 CO_2 制备 O_2 的阳极材料。铁镍合金阳极在冰晶石-氧化铝熔盐体系中电解铝时，电解温度在 1230K 左右，用于电化学分解 CO_2 制备碳和氧气的电解温度仅为 873~973K，而且卤化物-碳酸锂熔盐的腐蚀性相对于冰晶石要弱[147~149]。因此，铁镍合金阳极应该可以在 LiF-Li_2CO_3、LiF-NaF-Li_2CO_3、LiF-KF-Li_2CO_3、LiCl-Li_2O 熔盐体系中稳定运行。

本章主要对铁镍合金阳极和 Pt 阳极进行研究，对不同比例的铁镍合金阳极在 LiF-Li_2CO_3 进行电化学测试，研究铁镍合金在 LiF-Li_2CO_3 熔盐体系中的阳极过程；研究 Pt 电极在 LiF-KF-Li_2CO_3 熔盐体系中的阳极过程，分析阳极析氧反应机理，并通过电化学分析阳极析氧反应过程的速度控制步骤，为卤化物-碳酸锂熔盐体系电化学分解 CO_2 制备氧气提供理论基础。

5.1　铁镍合金电极在 LiF-Li_2CO_3 熔盐体系中的阳极行为

5.1.1　理论分析与热力学计算

在 LiF-Li_2CO_3 熔盐体系中使用铁镍合金阳极电极首先必须了解铁镍阳极在熔盐中可能发生的化学和电化学反应。通过电化学反应的吉布斯自由能的数值可以计算出理论分解电压和与之相对应的电化学势的大小，可以比较不同反应发生的热力学难易程度和先后顺序。铁镍合金阳极中的金属在 LiF-Li_2CO_3 熔盐体系中受到阳极极化时，金属和熔盐组成的界面会发生电化学反应并伴随着电子的转移。

一般来说，在含有氧离子或含氧离子团的熔盐体系中，当金属比较活泼时容易失去电子被氧化形成金属氧化物，当电极本身足够稳定或电极表面氧化后生成一层保护膜时，在阳极极化条件下熔盐中的放电离子会在电极表面失去电子而被氧化生成氧气。

图 5.1 是铁镍合金阳极在 LiF-Li_2CO_3熔盐体系中可能发生的电化学反应及相应的电极电位。计算所用的数据来源于热力学软件 HSC5.0，利用软件计算出 963K 时可能发生反应的吉布斯自由能 ΔG，再根据公式 $\Delta G=-nFE$ 计算得到相对于 Li^+/Li 电极电位的反应电势。从图 5.1 可以看出 Fe 的氧化电位最低，而且 Fe 被氧化为 Fe^{2+}和 Fe^{3+}的电位十分接近。因此，可以知道铁镍合金中的 Fe 应该是最先被氧化的。如果在铁镍合金电极表面生成的氧化物足够稳定、致密且导电性能良好，能有效防止内部的金属进一步氧化，则阳极反应的极化电位将继续升高，达到氧气的析出电位时，电极反应可以持续进行。

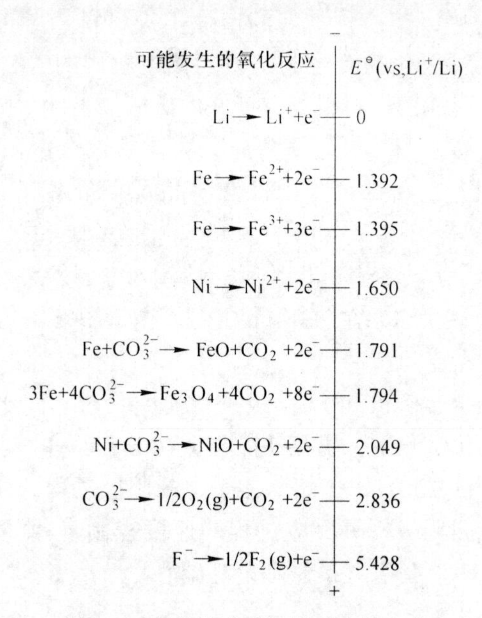

图 5.1 可能发生的阳极反应的电位

5.1.2 铁镍合金阳极的制备

铁镍合金阳极材料的制备方法采用真空感应熔炼法，利用中频感应炉熔炼金属合金。其加热原理是采用中频电源，在坩埚外面围着的感应线圈通入交流电时，产生交变磁场，交变磁场内的金属炉料由于电磁感应作用，产生电流，电流通过金属炉料电阻时使炉料发热。真空感应熔炼具有温度高、升温快、易控制等特点，并且液态金属在电磁力的作用下能自动搅拌，温度、成分均匀。为了防止在制备合金过程中金属铁和镍被氧化，熔炼过程需要抽真空并且保持整个熔炼过程真空度低于 200Pa，熔炼温度为 1873K。本实验选取 57.14Fe-42.86Ni 与 50.00Fe-50.00Ni 两种成分的合金作为阳极进行研究。按一定的配比将 Fe 和 Ni 混合均匀后，在真空感应熔炼炉内进行反复熔炼，然后在石墨模中浇铸成圆柱形金属锭。根据实验需要对浇铸好的金属锭进行线切割、砂纸打磨、抛光后制备得到一定尺寸的铁镍合金阳极。铁镍合金阳极及组装制作好的电极如图 5.2 所示。

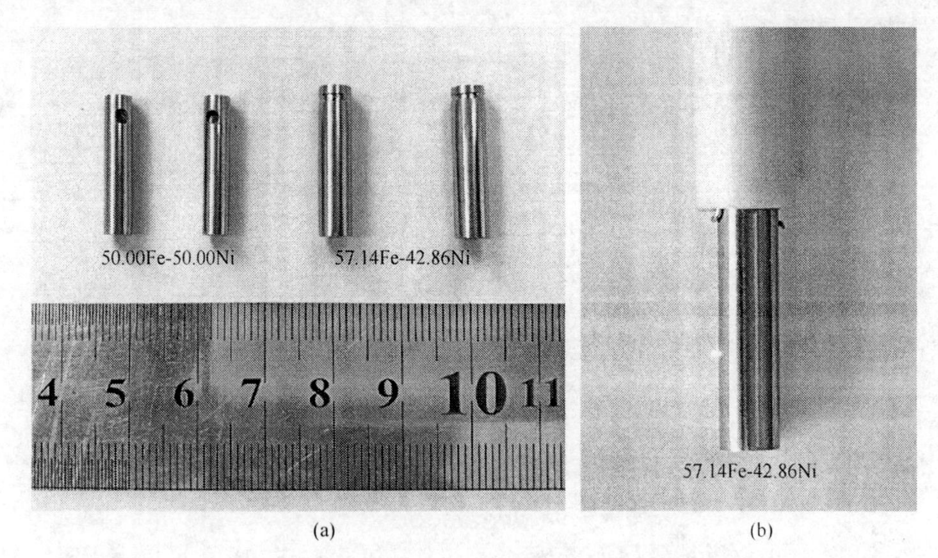

图 5.2 铁镍合金阳极（a）和组装制作好的电极（b）

5.1.3 铁镍合金阳极的电化学测试

图 5.3 是组成为 57.14Fe-42.86Ni 的合金电极在 963K 的 LiF-Li_2CO_3共晶熔盐体系中的线性伏安曲线，扫描速度为 0.001V/s。从图中可以看出，在第一次线性扫描过程中，在氧化电流峰 A_3之前存在两个氧化电流峰 A_1和 A_2，由前面的热力学计算结果可知，Fe 的氧化反应电位比 Ni 的氧化反应电位更负，即铁镍合金中的 Fe 更容易被氧化。因此，氧化电流峰 A_1和 A_2可能为铁镍合金电极中 Fe 的氧化电流峰，氧化电流峰 A_3可能为氧气的析出反应电流峰。在第一次线性扫描结束后未对电极表面进行处理，执行第二次线性扫描，由图中可以看出，第二次线性扫描结果与第一次线性扫描结果完全不同，可能是由于第一次线性扫描之后铁镍合金电极中的 Fe 已经被氧化，在电极表面上可能已经形成了一层保护膜，在第三次扫描时结果与第二次扫描结果完全相同，氧化电流峰趋于稳定。

图 5.4 是 963K 时，以 57.14Fe-42.86Ni 合金为研究电极，在 LiF-Li_2CO_3共晶熔盐体系中不同扫描速率的循环伏安曲线。在扫描速度较低时可以看出存在氧化

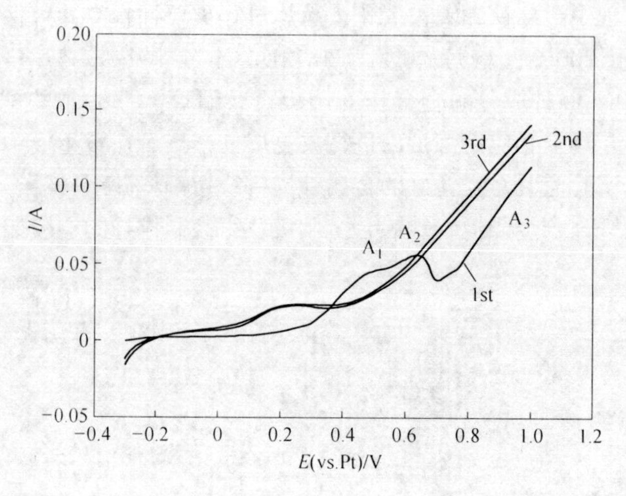

图 5.3 57.14Fe-42.86Ni 合金电极在 963K 的 LiF-Li_2CO_3共晶熔盐中的极化曲线

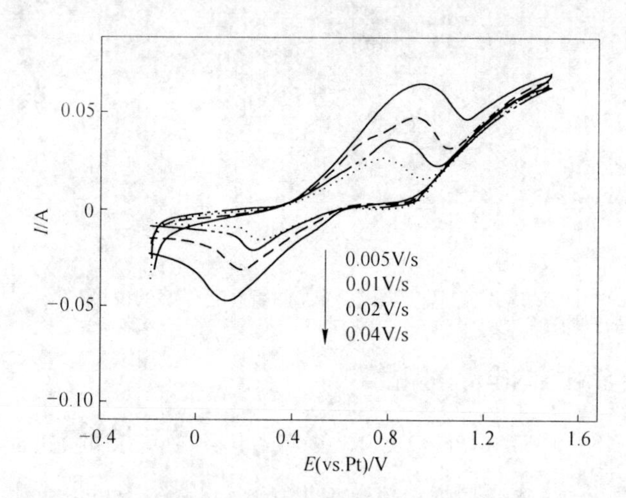

图 5.4 57.14Fe-42.86Ni 合金电极在 963K 的 LiF-Li_2CO_3
共晶熔盐体系不同扫描速度的循环伏安图

电流峰 A_1和 A_2，在扫描速度为 0.04V/s 时两个氧化电流峰区分并不太明显。当电位扫描至 1.3V 时可以发现伏安曲线出现波动，这是由于在电极表面上产生气体引起的电流波动。很明显，氧化峰电流（I_p）随扫描速率的增加而增加。图 5.5 给出了氧化峰电流（I_p）对扫描速度的平方根（$v^{1/2}$）曲线，从图中可以看出，在 0.005V/s 到 0.04V/s 的扫描速度范围内，I_p与 $v^{1/2}$呈现良好的线性关系，因此可以判断此电化学反应过程是一个受扩散控制的过程[105,150]。在循环伏安图中还可以看出氧化峰电位（E_{Pa}）和还原峰电位（E_{Pc}）与扫描速度有关，随着扫描速度的增加，氧化峰电位向正电位方向偏移，还原峰电位向负电位方向偏

移，$|\Delta E_p| = |E_{Pa}-E_{Pc}|$ 随扫描速度（v）增大而增大，且 $|\Delta E_p|$ 比 $2.3RT/nF$ 大得多，可以确定该电极反应为不可逆的电极反应过程。对于不可逆的电化学反应，峰电位和半峰电位的差值 $|E_p-E_{p/2}|$ 满足公式（3.4），在假设电荷传递系数 α 为 0.5 时，可以近似计算出该电化学反应所对应的电子数。不同扫描速度下，计算得出氧化电流峰 A_2 的反应电子数如下：

0.005V/s 时，$n=0.308/0.253=1.22$；

0.01V/s 时，$n=0.308/0.250=1.23$；

0.02V/s 时，$n=0.308/0.307=1.00$；

0.04V/s 时，$n=0.308/0.296=1.04$。

计算结果表明，氧化电流峰 A_2 电化学反应的电子数为 1，可以初步判断在 $LiF-Li_2CO_3$ 共晶熔盐体系中铁镍合金电极的氧化反应是从 $Fe \rightarrow Fe^{2+} \rightarrow Fe^{3+}$ 的过程。

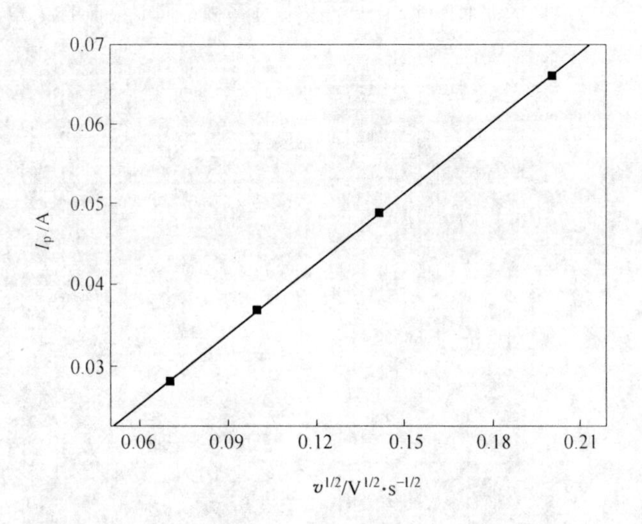

图 5.5 氧化峰电流 A_2 与扫描速度平方根的关系曲线

5.1.4 铁镍合金阳极电解测试

图 5.6 是铁镍合金阳极在 963K 的 $LiF-Li_2CO_3$ 共晶熔盐体系中不同电位下电解 3h 后的图片。从图 5.6 可以看出，电解后的铁镍合金电极的表面依然光滑，在电极的上部分和与熔盐接触的下部分均未发现有任何腐蚀的迹象，说明铁镍合金电极用在 $LiF-Li_2CO_3$ 共晶熔盐体系中电解还是比较稳定可靠的。

图 5.7 是 57.14Fe-42.86Ni 和 50.00Fe-50.00Ni 合金阳极分别在电位为 1.1V (vs. Pt) 和 2.0V(vs. Pt) 下电解 3h 后的电极表面形貌。由图 5.7 可以看出，在铁镍合金电极表面上形成了一层致密的保护膜，电极表面氧化膜比较完整，并未发现有脱落的现象，且在高电位下电解电极表面膜层相对平整、均匀；在电位为

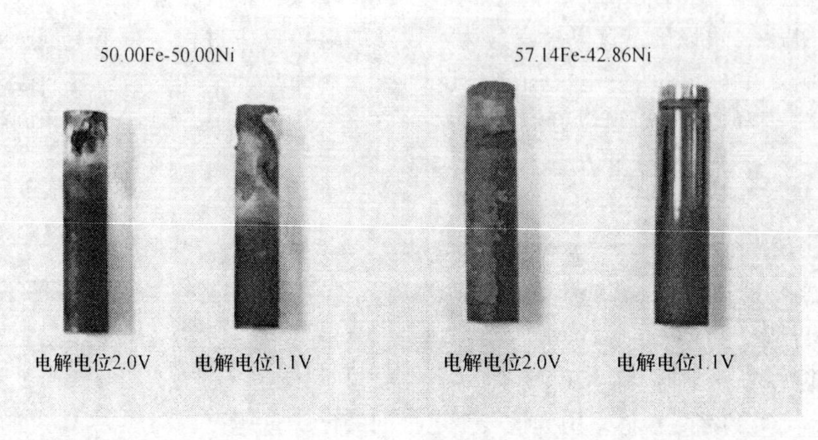

图 5.6 铁镍合金阳极在 LiF-Li_2CO_3共晶熔盐体系中不同电位下电解 3h 后的图片

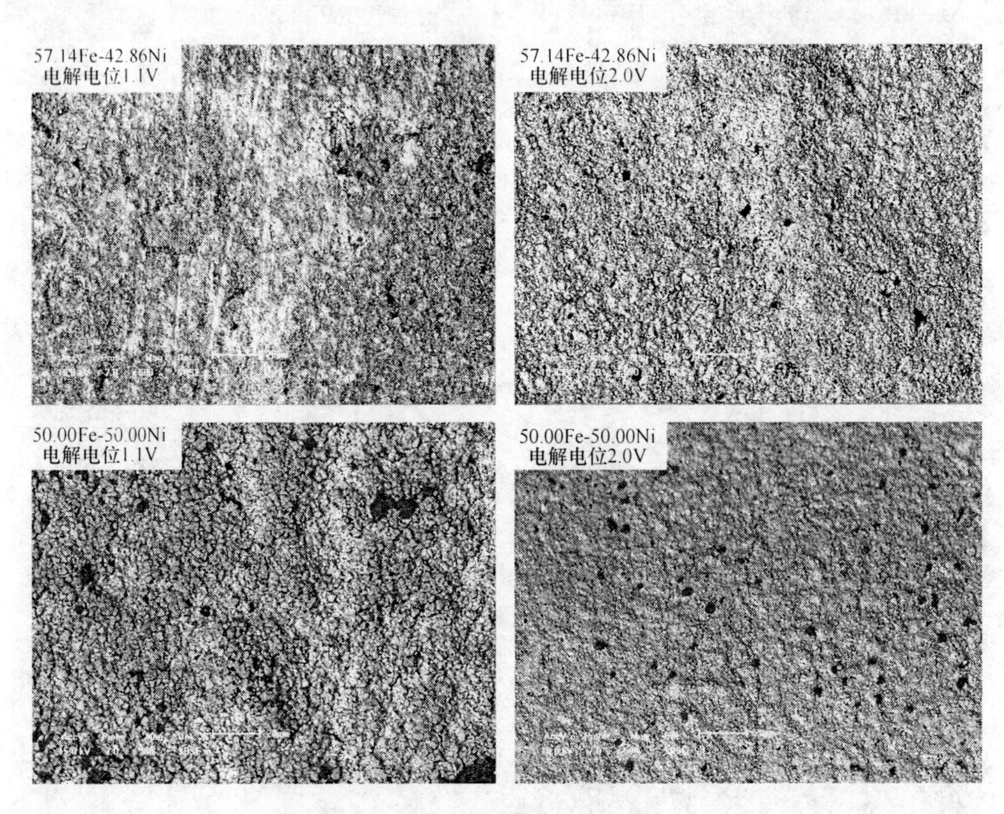

图 5.7 不同成分的铁镍合金阳极在 LiF-Li_2CO_3
共晶熔盐体系中不同电位下电解 3h 后的 SEM 图

2. 0V(vs. Pt) 下电解时，57. 14Fe-42. 86Ni 与 50. 00Fe-50. 00Ni 合金阳极表面膜似乎差别不大，可能是由于在高电位下电解时电极反应速度较快，铁镍合金电极表面的铁被氧化形成保护膜的速度也较快，导致在铁镍合金阳极表面快速形成平整致密的保护膜。在低电位下电解时电极表面的氧化膜出现明显的差别，50.00Fe-50.00Ni 合金阳极在电位为 1.1V(vs. Pt) 时电解，在电极表面形成的保护膜颗粒较大，表面相对较粗糙。

由图 5.8 的能谱分析结果可知，在电极表面上形成的保护膜主要为氧化铁，并有少量的镍可能是铁酸镍相。从电极表面氧化膜的平整度可以推断生成的氧化铁保护膜在 $LiF-Li_2CO_3$ 共晶熔盐体系中很稳定，未发现生成的保护膜被熔盐腐蚀的现象，这对铁镍合金阳极用于电解制备氧气起到了关键的作用。

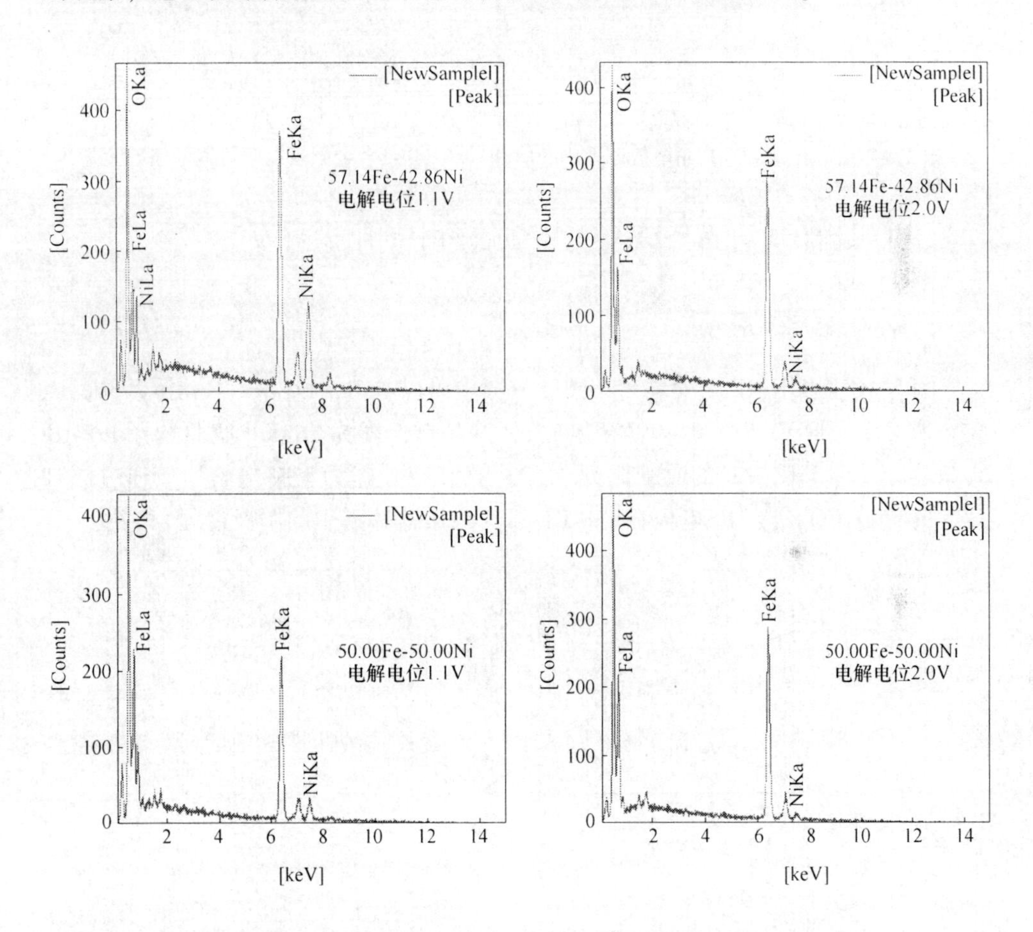

图 5.8 铁镍合金阳极表面的 EDS 图

图 5.9 为组成为 50.00Fe-50.00Ni 的合金阳极在 963K 的 $LiF-Li_2CO_3$ 共晶熔盐体系中电解 180min 的电流-时间曲线。电解开始 20min 时电流出现微小的波动，可能是由于电极表面膜的形成造成的，在随后的 160min 内电流基本稳定在 0.037A。

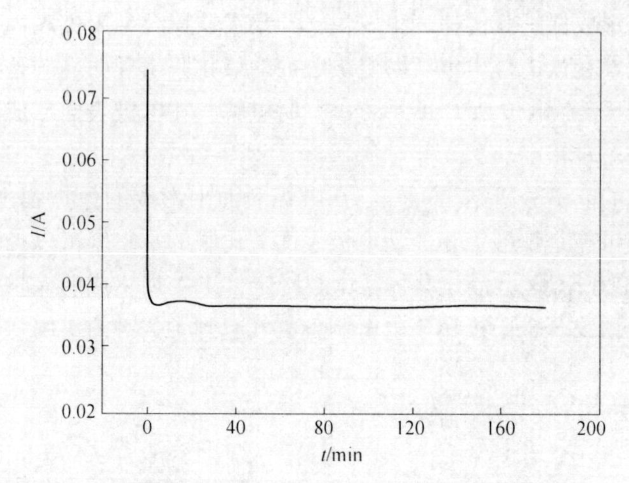

图 5.9　在 LiF-Li_2CO_3共晶熔盐体系中 50.00Fe-50.00Ni 合金阳极电解过程的 I–t 曲线

5.2　Pt 电极在 LiF-KF-Li_2CO_3熔盐体系中的阳极行为

5.2.1　LiF-KF 熔盐体系

图 5.10 是 LiF-KF 二元体系相图。从图中可以看出，LiF-KF 二元体系共晶点成分为 LiF：KF=0.51：0.49（摩尔比），共晶点温度为 765K。实验选择 LiF-KF 共晶熔盐（即 LiF：KF 的质量比为 31.73：68.27）作为支持电解质，通过添加一定量的 Li_2CO_3研究 Pt 电极在 LiF-KF-Li_2CO_3熔盐体系中的阳极过程。

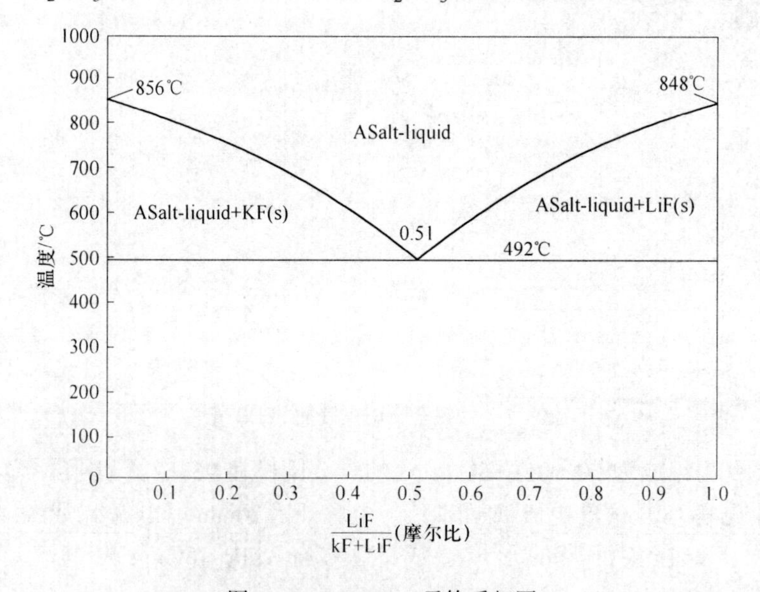

图 5.10　LiF-KF 二元体系相图

5.2.2 循环伏安

Pt 电极在高温氟化物熔盐中具有很强的耐腐蚀性，作为参比电极时由于没有电流通过，能维持比较稳定的参比电位，因此可用于氟化物熔盐体系作为参比电极。然而，Pt 也被广泛用作惰性阳极，当 Pt 电极用作工作电极进行阳极扫描时，在电位较高的情况下，电位接近熔盐体系中的 F^-放电电位时，Pt 会与生成的 F_2反应形成 PtF_4和 PtF_6[151,152]，最终会导致 Pt 的腐蚀。在 LiF-KF 熔盐体系中可能发生的电化学反应如表 5.1 所示，并分别计算出了在温度为 813K 时的理论分解电压，计算过程所用的热力学数据来源于热力学软件 HSC5.0。

由表 5.1 可以看出，在 Pt 电极上生成 PtF_4的理论分解电压最低，即反应式①最优先发生；生成 F_2的理论分解电压最大，反应最难发生。

表 5.1 LiF-KF 熔盐体系 Pt 阳极上可能发生的电化学反应及其在 813K 时的理论分解电压

电化学反应	理论分解电压/V	序号
$4KF+Pt = 4K+PtF_4$ (g)	3.53	①
$4LiF+Pt = 4Li+PtF_4$ (g)	4.08	②
$6KF+Pt = 6K+PtF_6$ (g)	4.29	③
$6LiF+Pt = 6Li+PtF_6$ (g)	4.84	④
$2KF = 2K+F_2$ (g)	5.03	⑤
$2LiF = 2Li+F_2$ (g)	5.58	⑥

在共晶成分的 LiF-KF 熔盐体系中采用直径为 1.0mm 的 Pt 丝为工作电极进行了循环伏安扫描，得到的循环伏安曲线如图 5.11 所示。图中循环伏安曲线的阳极过程扫描是从起始扫描电位 0V 向正方向扫描至 2.5V 后转向，再回到起始扫描电位 0V；阴极过程扫描是从电位为 0V 开始，负向扫描至-3.0V 转向，回扫至 0V；阴极和阳极扫描过程的扫描速度均为 0.05V/s，参比电极为直径 0.5mm 的 Pt 丝。

从图 5.11 可以看出，在阳极正向扫描过程中，在电位为 1.8V 时（*A* 点处）开始产生法拉第电流，表明有电极反应开始发生，根据表 5.1 的理论分解电压，*A* 点处最有可能发生的电极反应为：$Pt+4F^- -4e^- = PtF_4$；在阴极负向扫描过程中，在电位约为-1.7V 时（*B* 点处）开始产生法拉第电流，对应于熔盐体系中的 K^+开始放电析出，即 $K^+ + e^- = K$；在循环伏安曲线上 *AB* 之间的电位差 E_{AB}约为 3.5V，与反应①的理论分解电压 3.53V 十分接近，所以可以确定阳极过程 *A* 点对应的电化学反应为 Pt 的氟化反应生成 PtF_4，阴极过程 *B* 点对应的反应为 K^+还原生成 K。阴极继续负向扫描至-2.3V 时（*C* 点处），开始出现另一还原峰，由

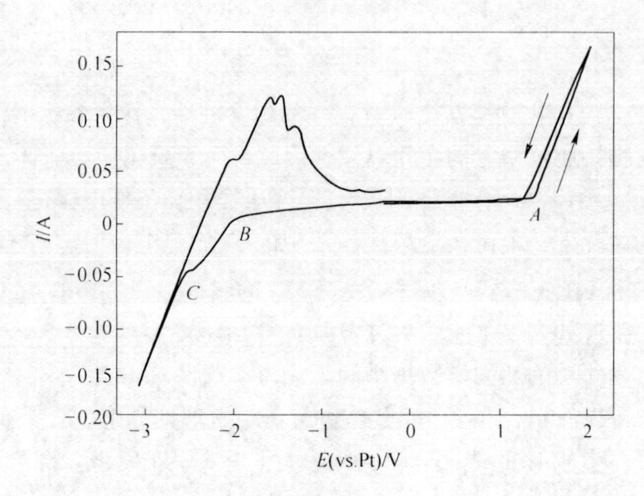

图 5.11 31.73LiF-68.27KF 熔盐中的循环曲线（WE：Pt，T=813K，v=0.05V/s）

表 5.1 的理论分解电压可知，Li^+比 K^+的理论析出电位要负 0.55V，因此，可以确定 C 点处对应的反应为熔盐体系中 Li^+还原为 Li 的反应，即 $Li^+ + e^- = Li$。

图 5.12 是在 31.73LiF-68.27KF 空白熔盐体系中直径为 1.0mm 的 Pt 丝工作电极上的循环伏安图，扫描速率为 0.05V/s。由图可知，在 813K 的 31.73LiF-68.27KF 熔盐体系中 Pt 电极被氟化的电位为 1.8V。

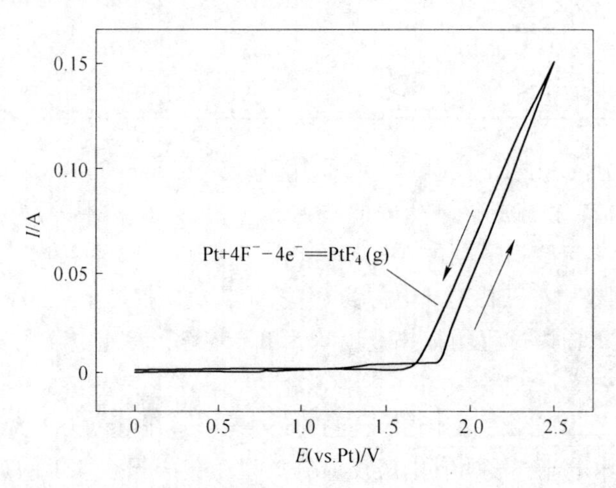

图 5.12 31.73LiF-68.27KF 熔盐体系中的阳极循环伏安曲线（WE：Pt，T=813K，v=0.05V/s）

通过研究 Pt 电极在 31.73LiF-68.27KF 空白熔盐体系的循环伏安曲线，确定了 Pt 电极开始发生氟化反应的电位为 1.8V，为了进一步研究碳酸根离子在 Pt 电极上的氧化过程，通过在 813K 的 31.73LiF-68.27KF 熔盐体系中添加一定量的 Li_2CO_3，进行循环伏安扫描。图 5.13 是 Li_2CO_3质量分数不同的 LiF-KF-Li_2CO_3熔盐体系中 Pt 电极阳极过程扫描的循环伏安曲线，工作电极为直径 1mm 的 Pt 丝，扫描速度为 0.05V/s。其中循环伏安曲线 1 为添加 Li_2CO_3 的质量分数为 0.22，循环伏安曲线 2 为添加 Li_2CO_3 的质量分数为 0.50%。

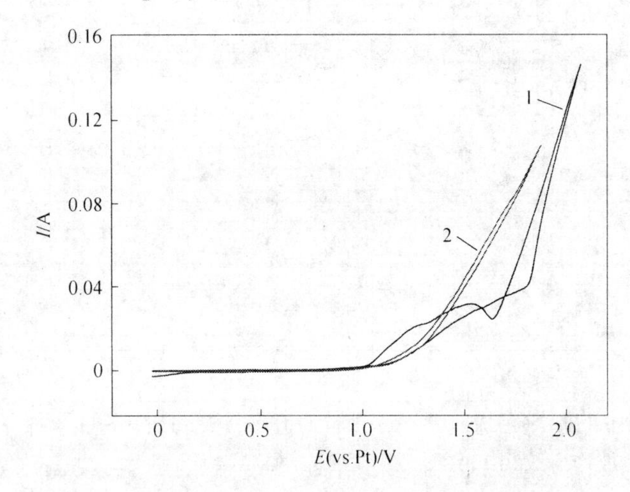

图 5.13 不同成分的 LiF-KF-Li_2CO_3熔盐体系中阳极循环伏安曲线（WE：Pt，T=813K，v=0.05V/s）

1—熔盐组成为 31.66LiF-68.12KF-0.22Li_2CO_3；2—熔盐组成为 31.57LiF-67.93KF-0.50Li_2CO_3

从图 5.13 中的曲线 1 可以看出，在电位为 1.1V 时开始产生阳极法拉第电流，可能是由于熔盐中碳酸根离子或熔盐中由碳酸根离解出来的氧阴离子发生电化学氧化反应，继续扫描至电位为 1.8V 时，开始出现第二个氧化电流峰，正好与 Pt 的氟化反应的电位一致。进一步增加碳酸根离子的质量分数进行循环伏安扫描时，在曲线 2 上可以看出，第一个氧化电流峰的起始电位并未发生改变，但是随着扫描电位的正向移动，电流增加得更快，可能是在较高碳酸根离子浓度下，碳酸根离子的扩散速度更快，使电极反应速度增加。在电位为 1.8V 时并未看见伏安曲线发生明显的转折，在碳酸根离子浓度较高时，电位为 1.8V 可能开始同时发生碳酸根离子放电和 Pt 的氟化两个反应。

5.2.3 析氧反应机理

为了研究 CO_3^{2-}在 Pt 电极表面反应的微观机理，需要对析氧反应机理模型做出合理的假设，并对假想的反应机理模型进行检验推测。通常氧离子或含氧离子团在活性阳极表面上的放电一般要经过在活性中心的吸附、放电、析氧等过程[153,154]，根据文献提出的被广泛接受的析氧反应机理模型[155~157]，同时参考氯气释放的反应机理[158]假设在 Pt 电极上析氧反应按下列历程进行：

Step1 吸附：

$$s + CO_3^{2-} \underset{k_{-1}}{\overset{k_1}{\rightleftharpoons}} sCO_3^{2-} \tag{5.1}$$

Step2 放电：
$$sCO_3^{2-} \underset{k_{-2}}{\overset{k_2}{\rightleftharpoons}} sO^- + CO_2 + e^- \tag{5.2}$$

Step3 放电：
$$sO^- \underset{k_{-3}}{\overset{k_3}{\rightleftharpoons}} sO + e^- \tag{5.3}$$

Step4 二次吸附：
$$sO + CO_3^{2-} \underset{k_{-4}}{\overset{k_4}{\rightleftharpoons}} sCO_4^{2-} \tag{5.4}$$

Step5 放电：
$$sCO_4^{2-} \underset{k_{-5}}{\overset{k_5}{\rightleftharpoons}} sO_2^- + CO_2 + e^- \tag{5.5}$$

Step6 放电：
$$sO_2^- \underset{k_{-6}}{\overset{k_6}{\rightleftharpoons}} sO_2 + e^- \tag{5.6}$$

Step7 脱附：
$$sO_2 \underset{k_{-7}}{\overset{k_7}{\rightleftharpoons}} s + O_2 \tag{5.7}$$

上述各式中的 s 为电极表面催化活性点。氧气的析出包括吸附（Step 1）、放电（Step 2）、放电（Step 3）、二次吸附（Step 4）、放电（Step 5）、放电（Step 6）、脱附（Step 7）过程，析氧反应机理示意图如图 5.14 所示。

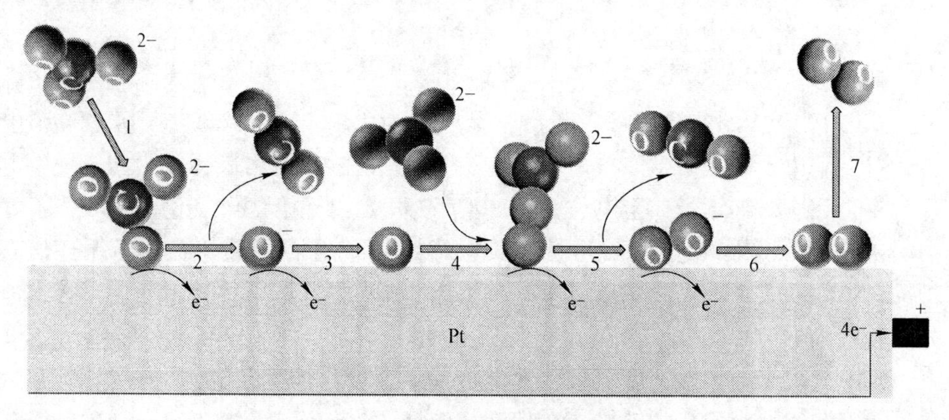

图 5.14 析氧反应机理示意图

氧气的析出过程在 Pt 电极上主要经历以下步骤：首先，熔盐体系中的碳酸根离子在 Pt 电极表面活性点位的吸附；吸附的$-CO_3^{2-}$失去一个电子形成$-O^-$，同时释放出一个 CO_2分子；在电极表面上生成的$-O^-$继续失去一个电子形成$-O$；氧原子与熔盐中的碳酸根离子结合形成$-CO_4^{2-}$，为第二次吸附反应；生成的$-CO_4^{2-}$在电极表面放电失去一个电子形成$-O_2^-$；$-O_2^-$继续在电极表面放电形成$-O_2$；最后$-O_2$从电极表面脱附释放出氧气，完成一个析氧反应过程。

电极的活性点位其表面覆盖率为：

$$\theta_T = \theta_{sCO_3^{2-}} + \theta_{sO^-} + \theta_{sO} + \theta_{sCO_4^{2-}} + \theta_{sO_2^{2-}} + \theta_{sO_2} \tag{5.8}$$

当 $i_a \gg i_0$时，Butler-Volmer 方程可表示为：

$$i_a = i_0\exp\left(\frac{\alpha_a F\eta}{RT}\right) \tag{5.9}$$

根据电极的净反应速率$v=i/nF$，以及Butler-Volmer电极动力学方程可知：

$$i = nFv = nFk_a[c_A]\exp\left[\frac{(1-\alpha)F\eta}{RT}\right] \tag{5.10}$$

分别假设Step 1~Step 6反应为速度控制步骤，进行动力学数学表达式推算，过程如下：

(1) 假设Step 1为速度控制步骤。Step 1为速度控制步骤时，由于Step 1是化学反应过程，其反应速率可以表示为：

$$v_1 = k_1[CO_3^{2-}](1-\theta_T) \tag{5.11}$$

则Step 1作为速度控制步骤时的电流密度可表示为：

$$i_1 = 4Fk_1[CO_3^{2-}](1-\theta_T) \tag{5.12}$$

(2) 假设Step 2为速度控制步骤。Step 2为速度控制步骤时，也就是Step 1反应可以认为处于平衡状态，即：

$$v_1 = v_{-1} \tag{5.13}$$

$$k_1[CO_3^{2-}](1-\theta_T) = k_{-1}\theta_{sCO_3^{2-}} \tag{5.14}$$

$$\theta_{sCO_3^{2-}} = \frac{k_1}{k_{-1}}[CO_3^{2-}](1-\theta_T) \tag{5.15}$$

$$v_2 = k_2\theta_{sCO_3^{2-}}\exp\left[\frac{(1-\alpha)VF}{RT}\right] \tag{5.16}$$

由式(5.15)、式(5.16)和式(5.10)可得：

$$i_2 = \frac{4Fk_1k_2}{k_{-1}}[CO_3^{2-}](1-\theta_T)\exp\left[\frac{(1-\alpha)VF}{RT}\right] \tag{5.17}$$

对式(5.17)两边取对数，令$K_2 = \frac{4Fk_1k_2}{k_{-1}}[CO_3^{2-}](1-\theta_T)$可得：

$$\lg(i_2) = \lg(K_2) + \frac{(1-\alpha)VF}{2.303RT} \tag{5.18}$$

将V对$\lg(i)$求偏微分得：

$$\frac{\partial V}{\partial \lg(i)} = \frac{2.303RT}{(1-\alpha)F} \tag{5.19}$$

取$\alpha=0.5$，则$\alpha_a=1-\alpha=0.5$，在温度为813K，V对$\lg(i)$作图的曲线梯度，即斜率值为0.323时，Step 2为速度控制步骤。

(3) 假设Step 3为速度控制步骤。Step 3为速度控制步骤时，也就是Step 1和Step 2反应可以认为处于平衡状态，即：

$$k_2\theta_{sCO_3^{2-}}\exp\left[\frac{(1-\alpha)VF}{RT}\right] = k_{-2}\theta_{sO^-}\exp\left(\frac{-\alpha VF}{RT}\right) \tag{5.20}$$

$$\theta_{sO^-} = \frac{k_1 k_2}{k_{-1} k_{-2}}[CO_3^{2-}](1-\theta_T)\exp\left(\frac{VF}{RT}\right) \tag{5.21}$$

$$v_3 = k_3 \theta_{sO^-} \exp\left[\frac{(1-\alpha)VF}{RT}\right] \tag{5.22}$$

由式（5.21）、式（5.22）和式（5.10）可得：

$$i_3 = \frac{4Fk_1 k_2 k_3}{k_{-1} k_{-2}}[CO_3^{2-}](1-\theta_T)\exp\left[\frac{(2-\alpha)VF}{RT}\right] \tag{5.23}$$

将 V 对 $\lg(i)$ 求偏微分得：

$$\frac{\partial V}{\partial \lg(i)} = \frac{2.303RT}{(2-\alpha)F} \tag{5.24}$$

取 $\alpha=0.5$，则 $\alpha_a=2-\alpha=1.5$，在温度为813K，V 对 $\lg(i)$ 作图的曲线梯度，即斜率值为0.108时，Step 3为速度控制步骤。

（4）假设Step 4为速度控制步骤。Step 4为速度控制步骤时，也就是Step 1、Step 2和Step 3反应可以认为处于平衡状态，即：

$$k_3 \theta_{sO^-} \exp\left[\frac{(1-\alpha)VF}{RT}\right] = k_{-3}\theta_{sO}\exp\left(\frac{-\alpha VF}{RT}\right) \tag{5.25}$$

$$\theta_{sO} = \frac{k_1 k_2 k_3}{k_{-1} k_{-2} k_{-3}}[CO_3^{2-}](1-\theta_T)\exp\left(\frac{2VF}{RT}\right) \tag{5.26}$$

$$v_4 = k_4 \theta_{sO}[CO_3^{2-}] \tag{5.27}$$

由式（5.26）、式（5.27）和式（5.10）可得：

$$i_4 = \frac{4Fk_1 k_2 k_3 k_4}{k_{-1} k_{-2} k_{-3}}[CO_3^{2-}]^2(1-\theta_T)\exp\left(\frac{2VF}{RT}\right) \tag{5.28}$$

将 V 对 $\lg(i)$ 求偏微分得：

$$\frac{\partial V}{\partial \lg(i)} = \frac{2.303RT}{2F} \tag{5.29}$$

此时 $\alpha_a=2$，在温度为813K，V 对 $\lg(i)$ 作图的曲线梯度，即斜率值为0.081时，Step 4为速度控制步骤。

（5）假设Step 5为速度控制步骤。Step 5为速度控制步骤时，也就是Step 1、Step 2、Step 3和Step 4反应可以认为处于平衡状态，即：

$$k_4 \theta_{sO}[CO_3^{2-}] = k_{-4}\theta_{sCO_4^{2-}} \tag{5.30}$$

$$\theta_{sCO_4^{2-}} = \frac{k_1 k_2 k_3 k_4}{k_{-1} k_{-2} k_{-3} k_{-4}}[CO_3^{2-}]^2(1-\theta_T)\exp\left(\frac{2VF}{RT}\right) \tag{5.31}$$

$$v_5 = k_5 \theta_{sCO_4^{2-}} \exp\left[\frac{(1-\alpha)VF}{RT}\right] \tag{5.32}$$

由式（5.31）、式（5.32）和式（5.10）可得：

$$i_5 = \frac{4Fk_1k_2k_3k_4k_5}{k_{-1}k_{-2}k_{-3}}[CO_3^{2-}]^2(1-\theta_T)\exp\left[\frac{(3-\alpha)VF}{RT}\right] \tag{5.33}$$

将 V 对 $\lg(i)$ 求偏微分得：

$$\frac{\partial V}{\partial \lg(i)} = \frac{2.303RT}{(3-\alpha)F} \tag{5.34}$$

取 $\alpha=0.5$，则 $\alpha_a=3-\alpha=2.5$，在温度为813K，V 对 $\lg(i)$ 作图的曲线梯度，即斜率值为0.065时，Step 5为速度控制步骤。

（6）假设Step 6为速度控制步骤。Step 6为速度控制步骤时，也就是Step 1、Step 2、Step 3、Step 4和Step 5反应可以认为处于平衡状态，即：

$$k_5\theta_{sCO_4^{2-}}\exp\left[\frac{(1-\alpha)VF}{RT}\right] = k_{-5}\theta_{sO^{2-}}\exp\left(\frac{-\alpha VF}{RT}\right) \tag{5.35}$$

$$\theta_{sO^{2-}} = \frac{k_1k_2k_3k_4k_5}{k_{-1}k_{-2}k_{-3}k_{-4}k_{-5}}[CO_3^{2-}]^2(1-\theta_T)\exp\left(\frac{3VF}{RT}\right) \tag{5.36}$$

$$v_6 = k_6\theta_{sO^{2-}}\exp\left[\frac{(1-\alpha)VF}{RT}\right] \tag{5.37}$$

由式（5.36）、式（5.37）和式（5.10）可得：

$$i_6 = \frac{4Fk_1k_2k_3k_4k_5k_6}{k_{-1}k_{-2}k_{-3}k_{-4}k_{-5}}[CO_3^{2-}]^2(1-\theta_T)\exp\left[\frac{(4-\alpha)VF}{RT}\right] \tag{5.38}$$

将 V 对 $\lg(i)$ 求偏微分得：

$$\frac{\partial V}{\partial \lg(i)} = \frac{2.303RT}{(4-\alpha)F} \tag{5.39}$$

取 $\alpha=0.5$，则 $\alpha_a=4-\alpha=3.5$，在温度为813K，V 对 $\lg(i)$ 作图的曲线梯度，即斜率值为0.046时，Step 6为速度控制步骤。

通过假定析氧反应过程的速度控制步骤分别为Step 1~Step 6，并根据各步骤的电流密度与电位的动力学数学表达式推算，得出各速度控制步骤下的电流密度表达式、阳极电荷传递系数以及塔菲尔极化曲线斜率的预算值（见表5.2）。

表5.2 在各速度控制步骤下推导出的电流密度表达式、转移系数和塔菲尔斜率的预算值

RDS	电流密度	α_a	$\partial V/\partial\lg(i)$
Step 1	$i_1 = Fk_1[CO_3^{2-}](1-\theta_T)$	—	—
Step 2	$i_2 = \frac{Fk_1k_2}{k_{-1}}[CO_3^{2-}](1-\theta_T)\exp\left[\frac{(1-\alpha)VF}{RT}\right]$	0.5	0.323
Step 3	$i_3 = \frac{Fk_1k_2k_3}{k_{-1}k_{-2}}[CO_3^{2-}](1-\theta_T)\exp\left[\frac{(2-\alpha)VF}{RT}\right]$	1.5	0.108
Step 4	$i_4 = \frac{Fk_1k_2k_3k_4}{k_{-1}k_{-2}k_{-3}}[CO_3^{2-}]^2(1-\theta_T)\exp\left[\frac{2VF}{RT}\right]$	2.0	0.081

续表 5.2

RDS	电流密度	α_a	$\partial V/\partial \lg(i)$
Step 5	$i_5 = \dfrac{Fk_1k_2k_3k_4k_5}{k_{-1}k_{-2}k_{-3}}[CO_3^{2-}]^2(1-\theta_T)\exp\left[\dfrac{(3-\alpha)VF}{RT}\right]$	2.5	0.065
Step 6	$i_6 = \dfrac{Fk_1k_2k_3k_4k_5k_6}{k_{-1}k_{-2}k_{-3}}[CO_3^{2-}]^2(1-\theta_T)\exp\left[\dfrac{(4-\alpha)VF}{RT}\right]$	3.5	0.046

采用线性扫描法测量 Pt 工作电极在 813K 时 31.57LiF-67.93KF-0.50Li_2CO_3熔盐体系中的稳态极化曲线，稳态极化曲线测量过程的扫描速度为 0.001V/s，电势扫描范围为 0~2V。图 5.15 为 Pt 工作电极扫描得到的极化曲线。

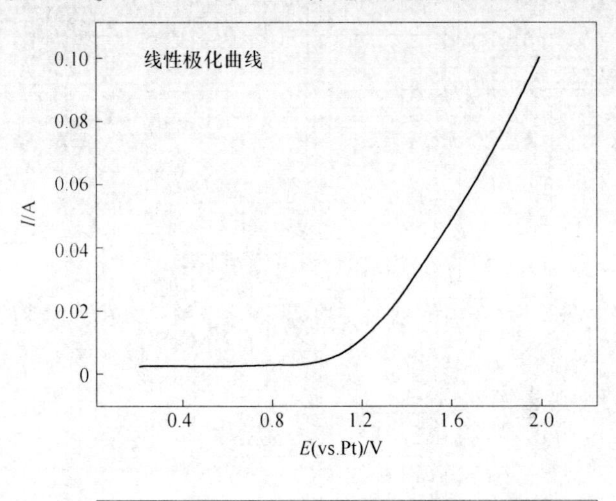

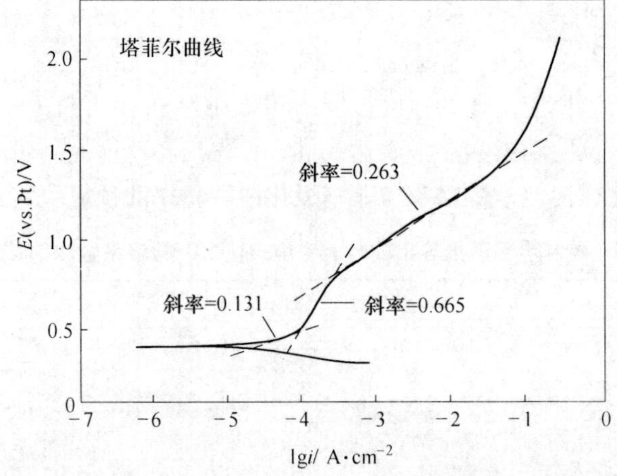

图 5.15　31.57LiF-67.93KF-0.50Li_2CO_3熔盐中的极化曲线

（WE：Pt，T=813K，v=0.001V/s，A=0.337cm^2）

从图 5.15 中的 Tafel 曲线可以看出，阳极极化过程分为三个阶段：在低电位区（$E<0.38V$(vs. Pt)），Tafel 斜率为 0.131；在电位为 $0.38V<E<0.68V$ ((vs. Pt)) 区域，Tafel 斜率为 0.665；在高电位区（$E>0.68V$ (vs. Pt)），Tafel 斜率为 0.263。

实验测得的塔菲尔斜率 $\partial V/\partial \lg(i)$ 及通过斜率值计算得到的 α_a 值列于表 5.3 中。由表 5.3 可知，在低电位下（$E<0.38V$(vs. Pt)）实验测得的 Tafel 斜率与模型预测值 0.108 接近，由此可认为在低电位下 Step 3 即 $sO^- \rightleftharpoons sO + e^-$ 为速度控制步骤；在高电位下（$E>0.68V$(vs. Pt)）实验测得的 Tafel 斜率与模型预测值 0.323 接近，由此可认为在高电位下 Step 2 即 $sCO_3^{2-} \rightleftharpoons sO^- + CO_2 + e^-$ 为速度控制步骤。

表 5.3 Pt 电极上阳极析氧过程的塔菲尔行为，阳极转移系数和速率决定步骤

电位曲线	$\partial V/\partial \lg(i)$	α_a	RDS
LOW (<0.38V)	0.131	1.23	Step 3
MID (0.38V<E<0.68V)	0.665	—	—
HIGH (>0.68V)	0.263	0.613	Step 2

5.2.4 电化学阻抗谱测试与分析

通过 Autolab 电化学工作站测试了 Pt 电极在不同温度和电位下的 31.57LiF-67.93KF-0.50Li_2CO_3熔盐体系中的电化学阻抗谱。电化学阻抗谱测试采用三电极体系，工作电极为直径 1.0mm 的 Pt 丝，辅助电极为石墨坩埚，参比电极为直径 0.5mm 的 Pt 丝。对所测的电化学阻抗谱通常需要通过等效电路进行拟合，建立合理的等效电路。等效电路中的每一个元件都可以描述一个电极反应的基本过程，这样就可以将电极反应过程的研究转化为对等效电路进行研究。根据等效电路中元件的数值及其物理意义，可以获得电极反应过程的动力学参数[159~161]。

图 5.16 和图 5.17 是分别在 813K 和 833K 的 31.57LiF-67.93KF-0.50Li_2CO_3 熔盐体系中以 Pt 为工作电极在电位为 1.20V、1.25V 和 1.3V 测得的电化学阻抗谱。电化学阻抗谱测试频率范围为 2~35000Hz，交流扰动信号为 0.01V。

图 5.16 和图 5.17 的电化学阻抗谱的形状基本一样，电化学阻抗谱分为两部分，阻抗谱实轴前的一部分为电解质电阻 R_s，在高频区域表现为容抗弧，这与电极反应过程的表面电荷转移阻力有关，在等效电路中可以用电荷传递电阻 R_{ct} 和 CPE 常相位角元件表示；对于低频区表现出半无线扩散控制区的斜线，代表熔盐中放电离子的扩散过程。在理想条件下，容抗弧应该是一个标准的圆，但在实际测量中，由于电极表面的弥散效应存在，致使测得的双电层电容不是一个常数，而是随着交流信号的频率和幅值发生变化的。一般来讲，弥散效应与电极表面的粗糙度和电流分布有关，电极表面越粗糙，弥散效应系数越低，容抗弧表现

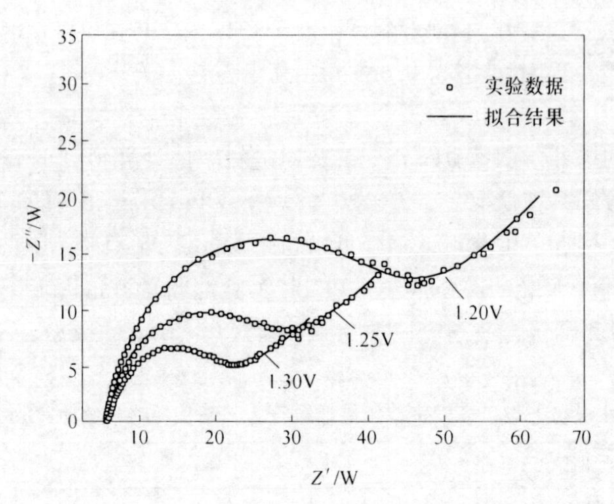

图 5.16 在 813K 的 31.57LiF-67.93KF-0.50Li_2CO_3熔盐中 Pt 电极在不同电位的交流阻抗谱

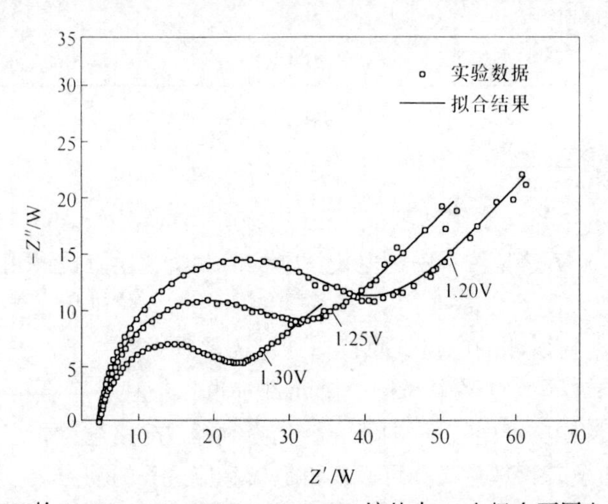

图 5.17 在 833K 的 31.57LiF-67.93KF-0.50Li_2CO_3熔盐中 Pt 电极在不同电位的交流阻抗谱

为越“瘪”[162]。对电化学阻抗谱中较“瘪”的容抗弧在等效电路中很难用纯电阻和电容元件完美拟合，而采用常相位角元件 CPE 可以拟合得很好。CPE 是与电容性有关的组件，CPE 元件的阻抗 Z 如式（5.40）所示，等效元件的幅角 $\varphi=-p\pi/2$。由于它的阻抗的数值是角频率 ω 的函数，幅角与频率无关，所以把它称为常相位角元件[163]。当 $n=1$ 时 CPE 为纯电容，$n=-1$ 时是电感，$n=0$ 时是纯电阻。n 偏离 1 越远，意味着电极表面结构的影响就越大。当 $n>0.8$ 时，CPE 为电容性质，Y_0 值可通过公式转化成电容；当 $n=0.5$ 时，CPE 为无限扩散性 Warburg 元件性质。

$$Z_Q=\frac{1}{Y_0}\omega^{-n}\left(\cos\frac{n\pi}{2}-j\sin\frac{n\pi}{2}\right) \tag{5.40}$$

图 5.16 和图 5.17 的电化学阻抗谱的等效电路如图 5.18 所示，其中 R_s为溶液电阻，R_{ct}为电荷传递电阻，CPE_1 和 Z_W为常相位角元件。

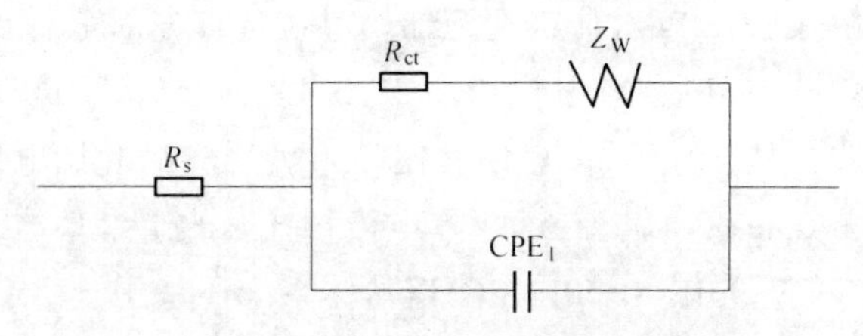

图 5.18 拟合电化学阻抗谱的等效电路图

图 5.18 等效电路中各元件的详细参数值，见表 5.4。

表 5.4 等效电路图 5.18 中各元件参数的拟合值

T/K	E/V	R_s /Ω · cm^2	CEP_1		R_{ct} /Ω · cm^2	Z_W		
			Y_0/MhO	n		Z_W-R	Z_W-T	Z_W-P
813	1.20	8.547	4.73×10^{-5}	0.903	33.71	636.3	61.86	0.444
	1.25	8.593	5.04×10^{-5}	0.903	19.15	244.2	13.80	0.418
	1.30	8.687	4.96×10^{-5}	0.903	12.71	104.7	6.85	0.376
833	1.20	7.784	4.53×10^{-5}	0.920	25.03	164.9	4.25	0.443
	1.25	7.797	4.71×10^{-5}	0.924	17.95	140.8	4.05	0.423
	1.30	7.877	4.66×10^{-5}	0.919	11.62	92.78	5.21	0.390

从表 5.4 中可以看出，在温度为 813K 时，31.57LiF-67.93KF-0.50Li_2CO_3熔盐电解质的电阻约为 8.6Ω，温度为 833K 时，电解质电阻为 7.8Ω，升高温度有利于降低电解质的电阻。在温度为 813K，电位为 1.20V 时电荷传递电阻为 33.71Ω · cm^2，并且随着电位的增加，电荷传递电阻逐渐减少，当电位为 1.30V 时电荷传递电阻降低至 12.71Ω · cm^2，即在高电位下有利于电荷的传递。在相同电位下，升高温度有利于降低电荷传递电阻。

5.2.5 透明槽观测

透明电解槽电解实验，可以清楚地观察到电解过程中的一些物理化学现象。在透明电解槽中进行恒电位电解实验，可以观察到大量的气泡从阳极周围涌出覆盖在电解液的表面，同时还可以观察阴极区的电极反应发生的现象。透明槽实验采用石英坩埚作为盛装熔盐电解质的电解槽，电解槽为双室电解槽，中间设有石英片挡板，底部可以允许电解质扩散流动。通过电脑控制高速摄像机观察邱氏透明槽中石英坩埚内电解过程发生的现象。电解质体系为 31.57LiF-67.93KF-0.50Li_2CO_3熔盐体系，电解温度为 813K，电解实验采用三电极体系进行恒电位电解，其中阳极为 2mm×3mm 的 Pt 片，阴极为 2mm×3mm 的镍片，参比电极为直径 0. 5mm 的 Pt 丝。

为了确定电解实验在 Pt 片阳极上施加的电位，首先对 Pt 片为工作电极进行了循环伏安扫描。图 5. 19 为 Pt 片电极在 31. 57LiF-67. 93KF-0. 50Li_2CO_3熔盐体系中的循环伏安曲线。从图 5. 19 中可以看出，阳极反应的起始电位在 1. 1V 左右，与之前用直径为 1. 0mm 的 Pt 丝作为工作电极扫描时的结果基本一致，说明 Pt 参比电极在 31. 57LiF-67. 93KF-0. 50Li_2CO_3熔盐体系中还是比较稳定的。

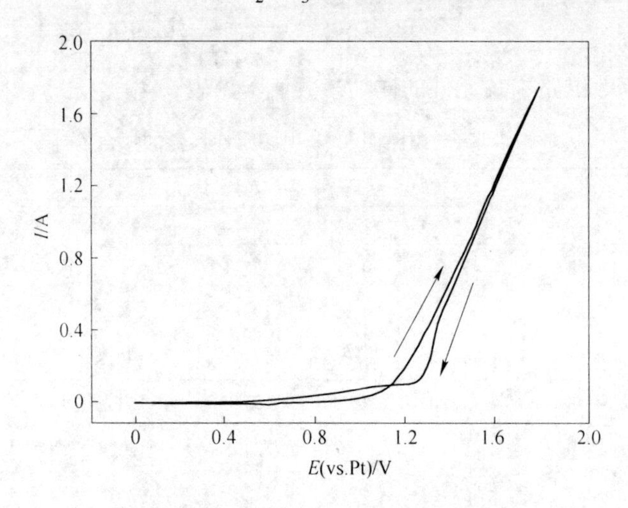

图 5. 19 31. 57LiF-67. 93KF-0. 50Li_2CO_3熔盐体系中的循环伏安曲线（WE：Pt，T=813K，v=0. 01V/s）

根据循环伏安扫描结果，选择在不同电位下进行恒电位电解，观察阴极和阳极室在电解过程中的变化情况。图 5. 20（a）为电解实验前，可以看出，在阴极和阳极室内电解质已完全熔化，电解质透明度较好。图 5. 20（b）为循环伏安扫描之后，开始第一次恒电位电解，电解电位为 1. 2V(vs. Pt)，在阳极室可以看见明显的气泡，而且气泡是在电解质液面形成，阴极室并未看见有气泡产生，可以确定电解在阴极上无 CO 气体生成。在阴极室内产生黑雾，应该是生成的碳在熔盐电解质中的扩散。图 5. 20（c）为在电位 1. 3V(vs. Pt) 时电解，可以看见在阳极室电解质液面的气泡明显增多，气泡形成速率加快，同时在阴极室内的反应速度也加快，在镍电极附近基本为黑色。图 5. 20（d）的电解电位为 1. 4V(vs. Pt)，电解过程中，在阳极上产生的气泡速度更快，气泡已完全覆盖了阳极室的电解质表面；电解一段时间后，阴极室内完全变成黑色，看不清楚。图 5. 20（e）是在电位为 1. 5V(vs. Pt) 下进行电解，由于电位的增加，电极反应速度加快，在阳极区内可以看到有大量的气泡生成。

图 5.20 透明槽电解实验录影截图

(a) 电解开始前；(b) 电解电位 1.2V；(c) 电解电位 1.3V；(d) 电解电位 1.4V；(e) 电解电位 1.5V

5.3 本章小结

本章研究了铁镍合金阳极在 LiF-Li_2CO_3共晶熔盐体系中的阳极行为，通过热力学理论计算分析了铁镍合金阳极中 Fe、Ni 可能发生的电化学氧化反应及相应的电极电位，并结合电化学技术研究了在合金电极表面形成保护膜的过程。对 Pt

阳极在31.57LiF-67.93KF-0.50Li_2CO_3熔盐体系中的阳极行为进行了研究，提出了在Pt阳极上析氧过程的反应机理，得出析氧反应的速度控制步骤。主要结论如下：

(1) 铁镍合金阳极中的Fe优先于Ni氧化，在LiF-Li_2CO_3共晶熔盐体系中，Fe的氧化过程经历$Fe \rightarrow Fe^{2+} \rightarrow Fe^{3+}$，并在合金阳极表面上主要形成致密的氧化铁保护膜，并存在少量的铁酸镍相。

(2) 在813K的31.73LiF-68.27KF熔盐体系中，在1.8V(vs. Pt)时Pt电极开始发生铂的氟化反应$Pt + 4F^- - 4e^- = PtF_4$；在813K的31.57LiF-67.93KF-0.50Li_2CO_3熔盐体系中，碳酸根离子在Pt电极上开始氧化的电位为1.1V(vs. Pt)。

(3) 提出了碳酸根离子在Pt电极表面氧化的反应机理，通过对比理论分析和实验数据得出，在低电位下（$E<0.38$V(vs. Pt)）实验测得的Tafel斜率与模型预测值0.108接近，析氧反应过程的步骤3即$sO^- \rightleftharpoons sO + e^-$为速度控制步骤，在高电位下（$E>0.68$V(vs. Pt)）实验测得的Tafel斜率与模型预测值0.323接近，析氧反应过程的步骤2即$s\,CO_3^{2-} \rightleftharpoons sO^- + CO_2 + e^-$为速度控制步骤。

(4) 电化学阻抗研究表明在温度为813K的31.57LiF-67.93KF-0.50Li_2CO_3熔盐体系中，电解质的电阻约为8.6Ω，当温度为833K时，电解质电阻为7.8Ω，升高温度有利于降低电解质的电阻。在温度为813K，电位为1.20V(vs. Pt)时电荷传递电阻为33.71$\Omega \cdot cm^2$，并且随着电位的增加，电荷传递电阻逐渐减少，在电位为1.30V(vs. Pt)时电荷传递电阻降低至12.71$\Omega \cdot cm^2$，即在高电位下有利于电荷的传递。在相同电位下，升高温度有利于降低电荷传递电阻。

(5) 通过透明槽实验观测阴极和阳极室在电解过程中的变化情况，在电解过程中阳极室有明显的气泡产生，并随着电解电位的增大，阳极室气泡形成的速度加快，在阴极室可以看到有明显的黑色物质生成，在阴极室生成的是碳。

6 Li_2O-LiCl 熔盐体系电解 CO_2

前面章节研究了 CO_2 气氛下，在 LiF-Li_2CO_3、LiF-NaF-Li_2CO_3 和 LiF-KF-Li_2CO_3 熔盐体系中电解，在 Ni、Mo 等不同阴极材料上均能得到碳，电解过程中碳酸根离子通过电化学还原在阴极沉积碳。

本章主要研究在不含碳酸盐的熔盐体系中电解，通过在含有碱金属氧化物的氯化物体系中电化学分解 CO_2，确定 CO_2 能有效地被熔盐电解质吸收转化为碳酸盐，并且在电解过程能有效地转化为碳和氧气。本章实验内容主要对 95.0LiCl-5.0Li_2O 熔盐体系中电解 CO_2 制备碳和氧气进行综合研究，确定在阴极上沉积碳和阳极上得到氧气的过程。

6.1 LiCl-Li_2O 熔盐体系

从前文研究可知，Li_2CO_3 电解在阴极上可以析出碳。因此，选择 LiCl-Li_2O 熔盐吸收 CO_2，使之形成相应的碳酸盐。图 6.1 为 LiCl-Li_2O 熔盐体系二元相图。LiCl-Li_2O 熔盐体系二元相图是通过 FactSage 6.4 软件绘制得出的。

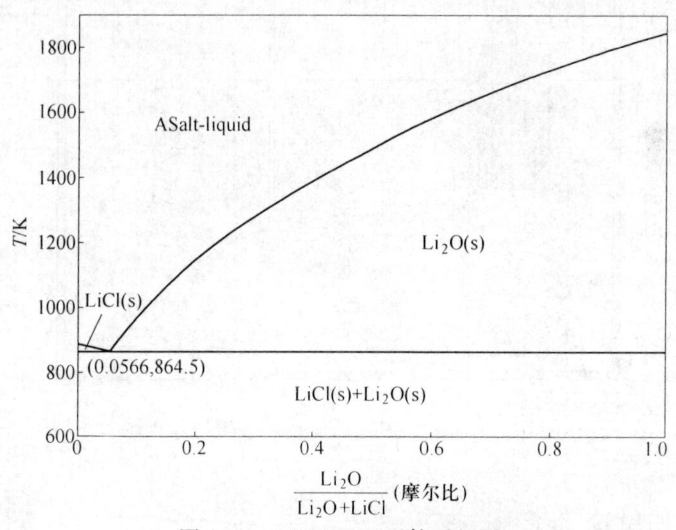

图 6.1 LiCl-Li_2O 二元体系相图

由图 6.1 可以看出，LiCl-Li_2O 二元体系共晶点成分为 Li_2O：LiCl = 0.056：0.944（摩尔比），共晶点温度为 864.5K。将 LiCl-Li_2O 二元体系共晶点组成换算为质量比结果为 Li_2O：LiCl = 4：96（质量比）。根据相图的液相线，在温度高于共晶点温度时，Li_2O 在 LiCl 中的溶解度可以适当提高。因此，本章实验选择 Li_2O 质量分数为 5.0% 的 LiCl-Li_2O 熔盐体系中电化学转化 CO_2，实验温度为 903K。

6.2 实验装置及原理

图 6.2 为电化学分解 CO_2 的实验装置示意图。在实验室进行小型电解实验时采用的是直流电源，在实际应用过程中可以考虑采用现在技术成熟的太阳能发电作为电源。本实验装置主要用于 CO_2 的转化利用，电解过程中 CO_2 可以为纯 CO_2，也可以是含有 CO_2 的混合气体，或者是化工企业、冶炼厂排出的含 CO_2 的尾气。本实验装置还可以用于火星上制氧，通过原位电解火星大气，将火星大气中的主要成分 CO_2 电化学转化为碳和氧气，也可用于富 CO_2 环境改造。示意图中简单描述了电解 CO_2 的整个过程及电极反应的机理。

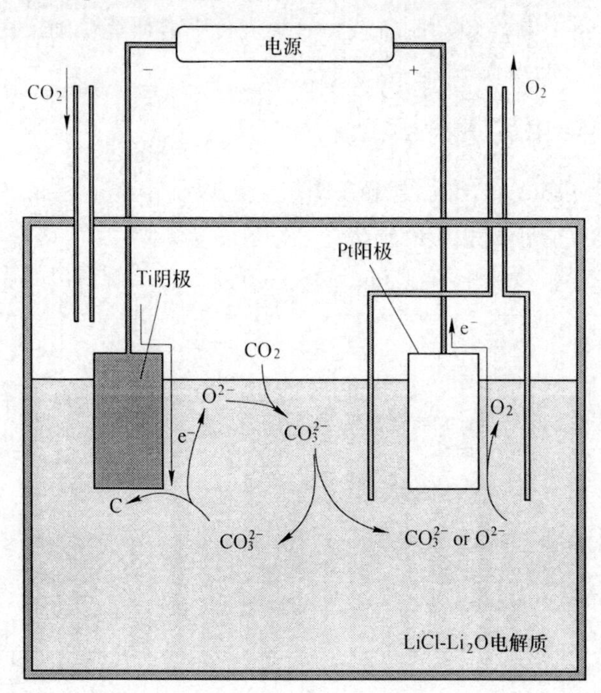

图 6.2 电化学分解 CO_2 实验装置及原理图

6.3 结果与讨论

6.3.1 LiCl-Li_2O 熔盐吸收 CO_2

为了确定熔盐电解质能有效地吸收 CO_2，首先对熔盐电解质进行了研究。按

LiCl：Li_2O 质量比为 95：5 进行配料，配置 2 份质量为 50g 的 95.0LiCl-5.0Li_2O 电解质熔盐，混合均匀后装入石墨坩埚。分别在惰性气体氩气气氛下和 CO_2 气氛下升温至 903K 融化电解质熔盐，并在温度为 903K 下恒温 30min 后降至室温，随炉冷却熔盐电解质，通过 XRD 分析熔盐电解质的组成，考察熔盐电解质组成的变化。考虑到熔盐体系中的氧化锂易与空气中的 CO_2 和 H_2O 等反应，实验前的配料和熔融实验结束后的电解质取样、研磨等过程均在手套箱中完成，氩气气氛下的 95.0LiCl-5.0Li_2O 熔盐电解质的熔融过程也是在高温手套箱中进行。图 6.3 为氩气气氛下的 95.0LiCl-5.0Li_2O 熔盐电解质熔融后在 903K 保温 30min 的 XRD 图。图 6.4 为 1atm CO_2 气氛下的 95.0LiCl-5.0Li_2O 熔盐电解质熔融后在 903K 保温 30min 的 XRD 图。

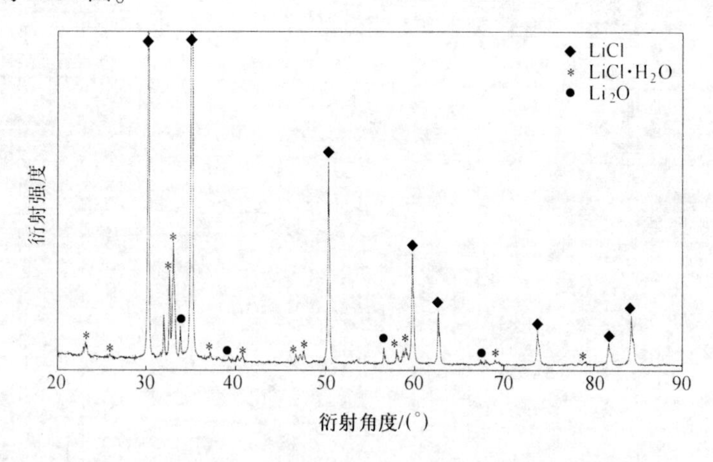

图 6.3 在氩气气氛下 95.0LiCl-5.0Li_2O 熔盐的 XRD 图

由图 6.3 可知，95.0LiCl-5.0Li_2O 熔盐电解质在氩气气氛下融化后的 XRD 检测结果表明其成分为 LiCl、Li_2O 和 LiCl · H_2O，可以说成分基本没有变化，LiCl · H_2O可能是在 XRD 检测过程中由于试样暴露在空气中生成的，因为 LiCl 是一种极易吸水的物质，跟水结合形成 LiCl · H_2O。然而，在 CO_2 气氛下并未发现有 Li_2O 的存在，XRD 检测发现有新的 Li_2CO_3 生成（由图 6.4 可知），同样在检测过程中试样由于吸收空气中的水分生成了 LiCl · H_2O，Wakamatsu 等[164]也得到了相同的研究结果。由此，可以得出：在 CO_2 气氛下，95.0LiCl-5.0Li_2O 熔盐电解质中的 Li_2O 完全与 CO_2 反应生成了 Li_2CO_3，即 $Li_2O + CO_2 = Li_2CO_3$ ($\Delta G_{903K} = -57.43kJ$)，该反应热力学理论上也很容易发生[165]。

图 6.5 为 903K 时氩气和 CO_2 气氛下的 95.0LiCl-5.0Li_2O 熔盐电解质的 Raman 光谱图。实验测谱设备为 Horiba Jobin Yvon 公司 HR800 型激光 Raman 光谱仪，结合 Spectra-Physics Ar^+ 激光器；Raman 测谱的实验条件为：激光功率 20nW；激发波长 488nm；积分次数 1 次；积分时间 10s。

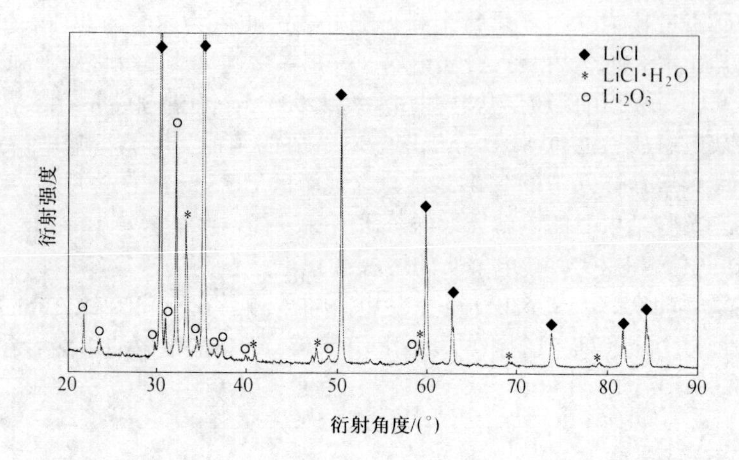

图 6.4 在 1atm CO_2 气氛下 95.0LiCl-5.0Li_2O 熔盐的 XRD 图

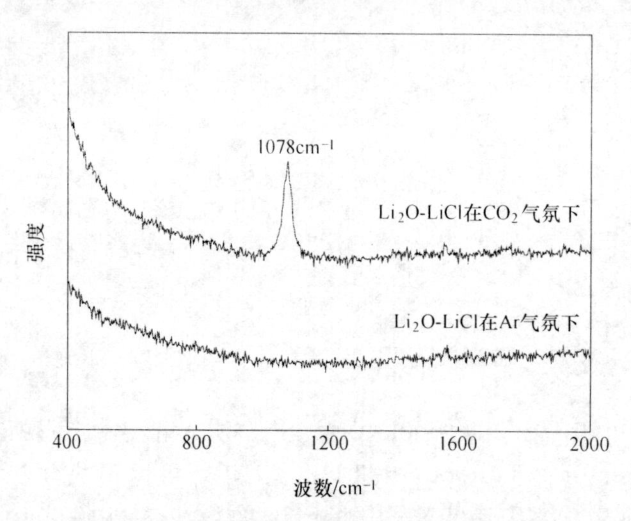

图 6.5 95.0LiCl-5.0Li_2O 熔盐在氩气和 CO_2 气氛下的 Raman 光谱

从图 6.5 可以看出，在 Ar 气氛下的 95.0LiCl-5.0Li_2O 熔盐的 Raman 光谱在 2000cm^{-1} 范围内未见任何的特征峰，说明 95.0LiCl-5.0Li_2O 熔盐体系中不存在络合离子，也就是说熔盐体系中的 Cl^-与 O^-之间未形成络合阴离子。然而，当通入 CO_2 时，30min 后对 CO_2 气氛下的 95.0LiCl-5.0Li_2O 熔盐电解质进行 Raman 测试，发现在 Raman 位移为 1078cm^{-1} 处有一个较强的 Raman 特征峰。侯怀宇等[166]研究了熔融碱金属碳酸盐的 Raman 光谱，得到碳酸根离子的对称伸缩振动带出现在 1074cm^{-1}处；文献[167~171]也表明在 Raman 位移为 1059~1088cm^{-1} 处为碳酸根离子的特征峰。这进一步表明在 CO_2 气氛下熔盐体系中的 Li_2O 与 CO_2 结合生成了碳酸锂。

6.3.2 循环伏安

有文献报道在 $LiCl-Li_2O$ 或 $CaCl_2-CaO$ 熔盐体系中电化学还原 CO_2 的过程是先发生碱金属或碱土金属离子的还原，再由生成的碱金属或碱土金属还原 CO_2 的过程[172,173]。由第 4 章的热力学计算可知，析出金属锂的过程需要很大的分解电压，在循环伏安图上析出锂的电极电位较负。因此，分别在惰性气体氩气和 CO_2 气氛下的 95.0LiCl-5.0Li_2O 熔盐体系中进行了循环伏安扫描，熔盐温度为 903K。图 6.6 为不同气氛下的 95.0LiCl-5.0Li_2O 熔盐体系中钛工作电极上的循环伏安曲线。

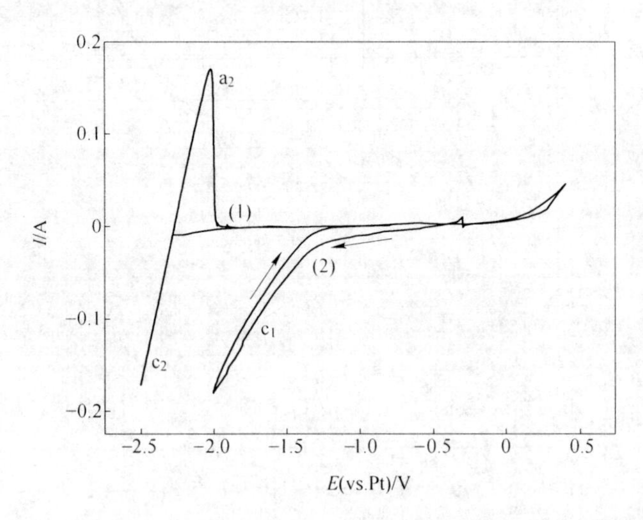

图 6.6 不同气氛下的 95.0LiCl-5.0Li_2O 熔盐体系中的循环伏安曲线

（WE：Ti，T=903K，v=0.1V/s）

（1）—氩气气氛；（2）—CO_2 气氛

图 6.6 中的曲线（1）是在氩气气氛下的 95.0LiCl-5.0Li_2O 熔盐体系钛为工作电极的循环伏安曲线。可以看出，在电位为−2.4V（vs. Pt）时开始产生法拉第电流，并形成还原峰 c_2，对应于熔盐中锂离子的还原，在反向扫描时出现一个氧化电流峰 a_2，对应于沉积锂的氧化。曲线（2）是在 CO_2 气氛下的 95.0LiCl-5.0Li_2O 熔盐体系钛为工作电极的循环伏安扫描曲线。循环伏安扫描之前让熔盐在 CO_2 气氛下平衡 30min，使熔盐中的氧化锂尽可能地吸收 CO_2 之后转化为碳酸锂。从 CO_2 气氛下的循环伏安扫描曲线（2）可以看出，在电位为−1.0V 左右开始产生阴极法拉第电流，并形成还原峰 c_1，对应于碳酸根离子还原为碳的反应。

图 6.7 为不同气氛下 903K 的 95.0LiCl-5.0Li_2O 熔盐体系中镍工作电极上的循环伏安曲线。由图可知，在氩气气氛下的 95.0LiCl-5.0Li_2O 熔盐体系中，镍为

工作电极时的循环伏安扫描结果与钛为工作电极时的循环伏安扫描结果基本相同。在 CO_2 气氛下，从镍为工作电极时扫描得到的循环伏安曲线（2）可以看出，在电位为-1.0V 处也开始产生法拉第电流，形成还原峰 c_1，对应于碳酸根离子还原为碳的过程；c_2 对应于熔盐中碱金属离子的还原，可能由于在镍电极上先析出了碳，使碱金属离子的开始还原电位向正向偏移；氧化电流峰 a_2 可能对应于沉积锂的氧化，a_0 可能为金属镍电极的氧化过程。

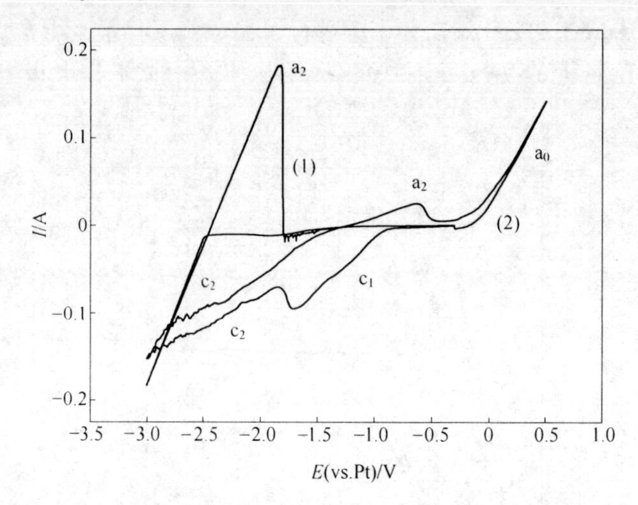

图 6.7　不同气氛下的 95.0LiCl-5.0Li_2O 熔盐体系中的循环伏安曲线

（WE：Ni，T=903K，v=0.1V/s）

（1）—氩气气氛；（2）—CO_2 气氛

6.3.3　Ti 电极上沉积碳

在 CO_2 气氛下 903K 的 95.0LiCl-5.0Li_2O 熔盐体系中，以钛为工作电极进行恒电位电解，所得产物进行断面检测，观察电解产物在电极表面分布的梯度。图 6.8 为钛电极在电位-1.3V 下进行恒电位电解 2h 后的阴极截面 SEM 图。从图 6.8 可以看出，在基体钛的表面生成了一层黑色物质，通过 EDS 能谱分析，在黑色区域内有 C 和 O 元素，但 C 含量居多。

为了进一步了解其黑色沉积物中的元素分布情况，对图 6.8 局部放大后进行了元素面扫分析。图 6.9（a）为图 6.8 局部放大后的 SEM 图，对图 6.9（a）中的 C、O、Ti 元素进行了面扫分析，分别如图 6.9 中的（b）～（d）所示。由图 6.9（b）可以看出，沉积碳主要分布在基体钛的表面层；在电极最外表面上主要分布为 O 元素，见图 6.9（c），可以确定为电极表面粘附的熔盐电解质。

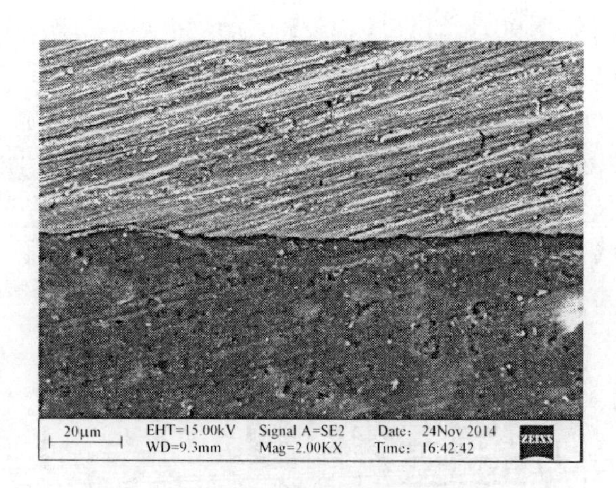

图 6.8 电位为-1.3V 时在 CO_2 气氛下 903K 的 95.0LiCl-5.0Li_2O 熔盐中电解 2h 后的钛阴极截面 SEM 图

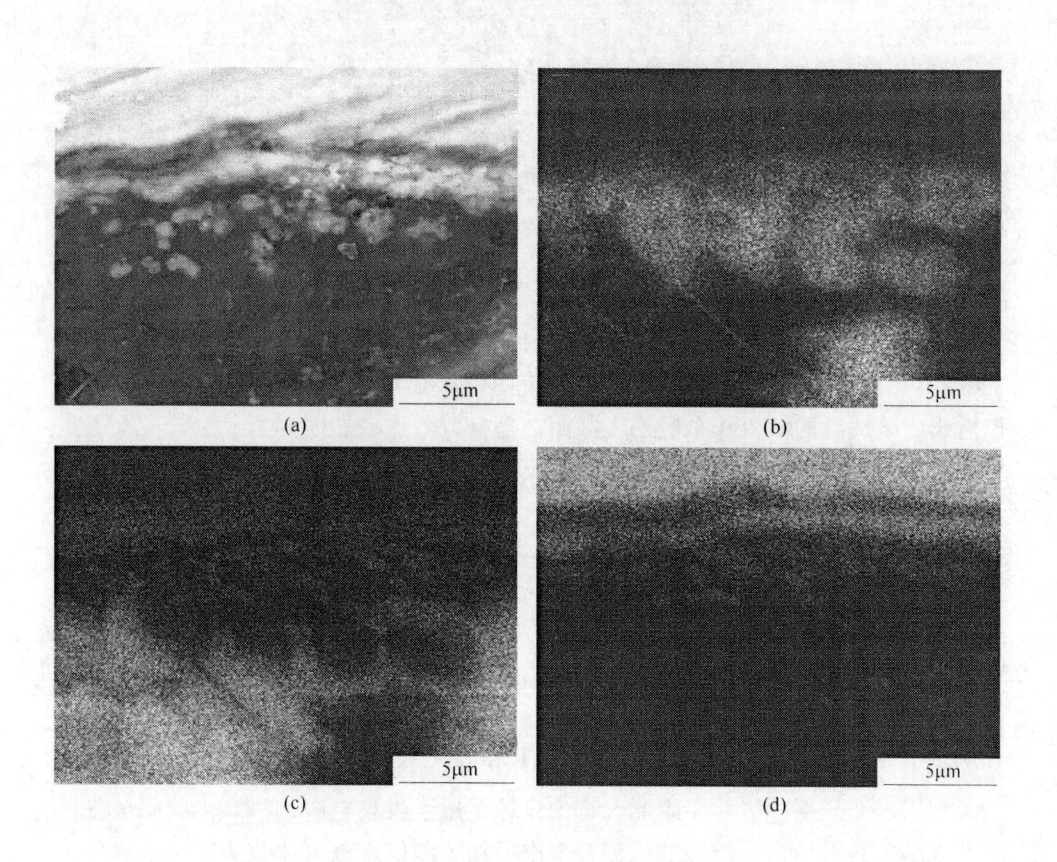

图 6.9 阴极截面 SEM 图像及面扫分析

(a) SEM 图像；(b) C 元素；(c) O 元素；(d) Ti 元素

同样在 CO_2 气氛下 903K 的 95.0LiCl-5.0Li_2O 熔盐体系中，以钛为工作电极，通过改变钛工作电极的电位进行恒电位电解实验。在电极电位为-1.5V 下电解 2h，钛电极表面上的沉积产物经过洗涤、烘干后进行分析检测，通过 SEM 分析钛工作电极上的产物形貌，并通过 EDS 能谱分析产物的组成。图 6.10 是电极电位为-1.5V 时阴极钛表面上沉积产物的形貌。从图中可以看出，沉积产物的表面形貌呈球形颗粒状，并且小球形颗粒产物会聚集形成大颗粒产物。图中的插图为 EDS 能谱分析结果，结果表明得到的沉积产物为 C。

图 6.10 电位为-1.5V 时在 CO_2 气氛下 903K 的 95.0LiCl-5.0Li_2O 熔盐体系中电解 2h 后的钛阴极表面产物的 SEM 图

图 6.11 为钛工作电极在电位为-1.5V 时 CO_2 气氛下 903K 的 95.0LiCl-5.0Li_2O 熔盐中电解 2h 后的截面扫描电镜图片和 EDS 能谱图，由图 6.11（a）可以看出，电解后的钛工作电极的横截面扫描电镜图片明显地分为三层，最上层是沉积产物 C 层，厚度大概为 45μm，最下层是钛金属基体。但是，在沉积产物碳和钛基体之间存在一个 C-Ti 中间层，厚度大约为 15μm。对图 6.11（a）中的 C-Ti 中间层和 Ti 基体两个区域打点进行 EDS 能谱分析，结果分别如图 6.11（b）和（c）所示。由能谱分析可知，C-Ti 中间层的含碳量也较高。

6.3.4 电解及收集阳极气体

当采用惰性阳极进行电解时，在电解含有氧化物或碳酸盐的熔盐的过程中通常阳极上产生的是氧气[174~177]。为了分析电解过程中的阳极气体产物，需要进行收集阳极上产生的气体。因此，首先设计了用于收集电解过程产生的阳极气体的装置。实验采用自行熔炼的铁镍合金进行加工制作阳极气体收集罩，铁镍合金具有较好的耐腐蚀性能[94]。

按 Fe : Ni 质量比为 50 : 50 配料，并且大致混合均匀后，在真空感应炉内进

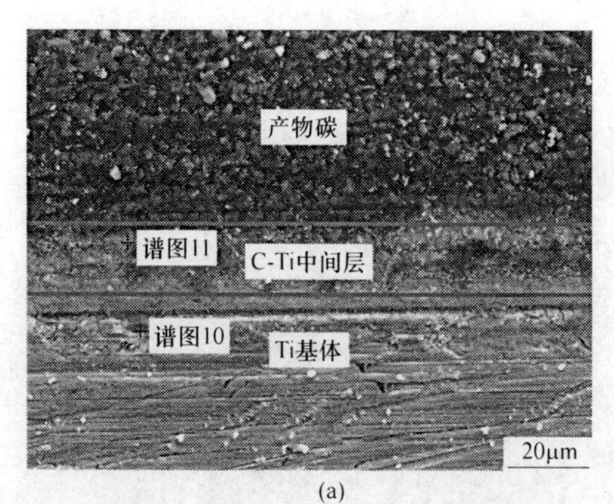

(a)

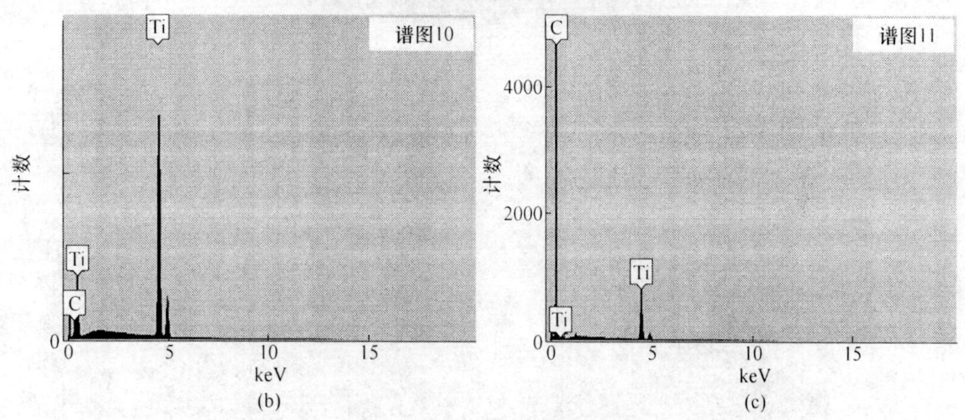

(b) (c)

图 6.11 电位为-1.5V 时在 CO_2 气氛下 903K 的 95.0LiCl-5.0Li_2O 熔盐中电解 2h 后的钛阴极截面 SEM 图和 EDS 分析图谱

(a) SEM 图；(b) 图 (a) 中谱图 10 的 EDS 图谱；(c) 图 (a) 中谱图 11 的 EDS 图谱

行熔炼，熔炼结束后冷却得到圆柱形的金属锭，对其进行加工得到设计需要的阳极罩。图 6.12 为收集阳极气体用的阳极罩。

图 6.12 (a) 为实验前的阳极罩，其尺寸为 ϕ40mm×h45mm，在阳极罩顶部开有两个 ϕ8mm 的螺纹孔，用于与气体导杆和电极套管相连，部件之间的链接采用螺栓的方式链接，并用耐高温水泥加以密封，制作完成的阳极罩密封性能良好。图 6.12 (b) 和 (c) 为实验使用后的阳极罩，气体导管采用不锈钢材质，阳极导杆通过刚玉套管与阳极罩绝缘。由图 6.12 (b) 和 (c) 可以看出，经电解实验的阳极罩外形保持完好，未发现有明显的腐蚀。阳极罩底部的缺口为浇铸、冷却过程产生的气孔，经车削后形成缺口，并非是受熔盐的腐蚀。

为了确定阳极上生成的气体产物，进行了恒电位电解实验。首先通过循环伏安法确定阳极反应的电极电位。在 CO_2 气氛下温度为 903K 的 95.0LiCl-5.0Li_2O

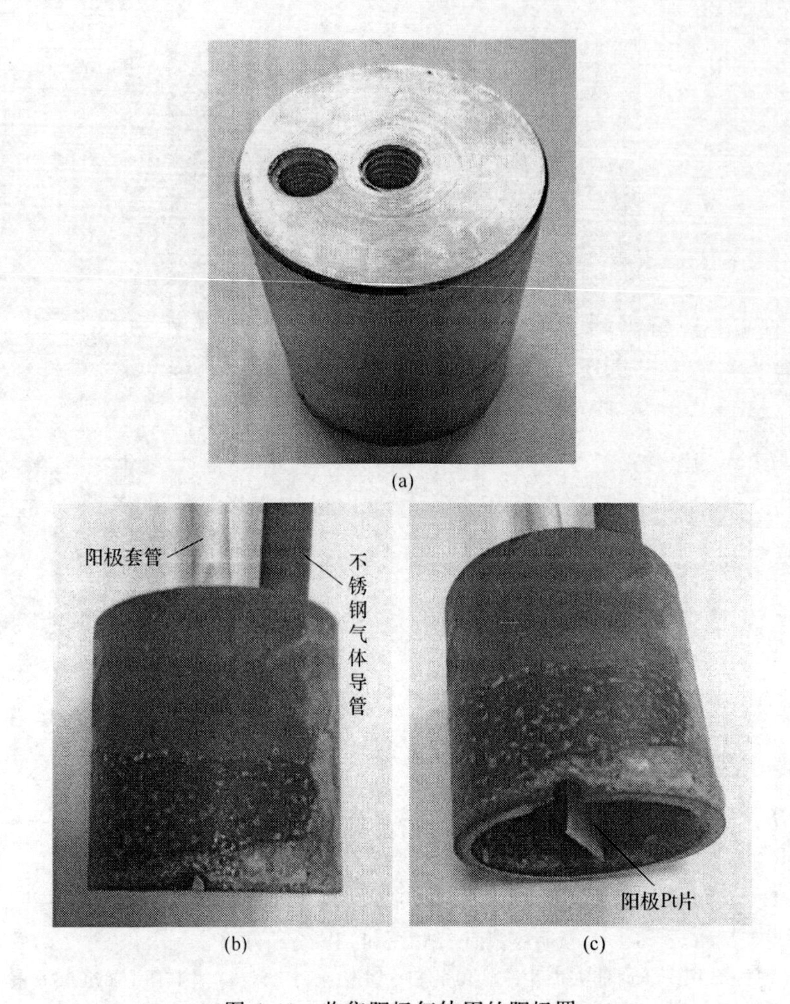

图 6.12　收集阳极气体用的阳极罩

熔盐体系中采用 Pt 作为工作电极时进行循环伏安扫描得到的伏安曲线如图 6.13 所示。由图 6.13 可以看出，阳极正向扫描时在电位为 1.15V 左右开始产生阳极电流，并且随着电位的正向增大，电流迅速增大。

通过 Pt 电极阳极扫描过程的循环伏安曲线，确定了阳极反应的起始电位为 1.15V。因此，选择在 1.3V 下用 Pt 片作为工作电极进行恒电位电解，并收集阳极气体产物进行分析。图 6.14（a）为电解过程的实物图，电解采用三电极体系，工作电极为 Pt 片，对电极为钛片，参比电极为 Pt 丝。在阳极气体导管的上部采用软胶管与其相连接，使阳极产生的气体沿着软胶管通入装有水的玻璃瓶中进行冷却，然后再通过图 6.14（b）中的气体收集袋收集冷却后排出的气体。图 6.14（b）中的玻璃瓶内盛装的液体为纯净水，其作用主要是用于冷却在高温熔

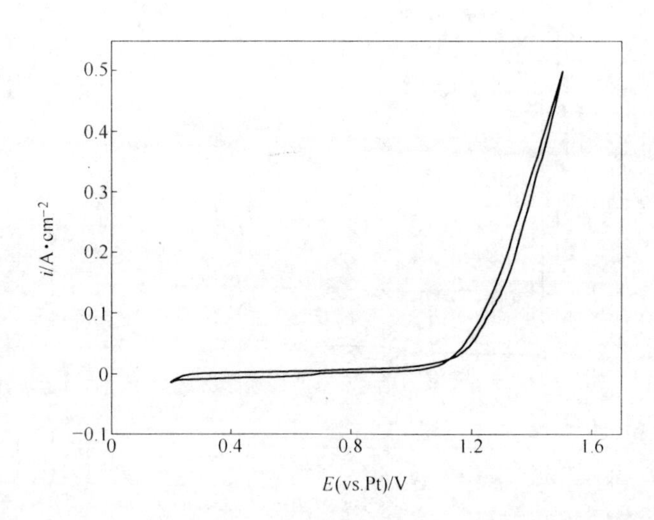

图 6.13 在 1atm CO_2 气氛下 95.0LiCl-5.0Li_2O 熔盐中的循环伏安曲线（WE：Pt，T=903K，v=0.05V/s）

盐电解过程中排出的温度较高的阳极气体，其次还可以用于观察阳极气体产生的快慢。收集气体之前将集气袋用注射器抽至真空，并且电解约 30min 后开始收集，目的是为了排出存在管内的空气。

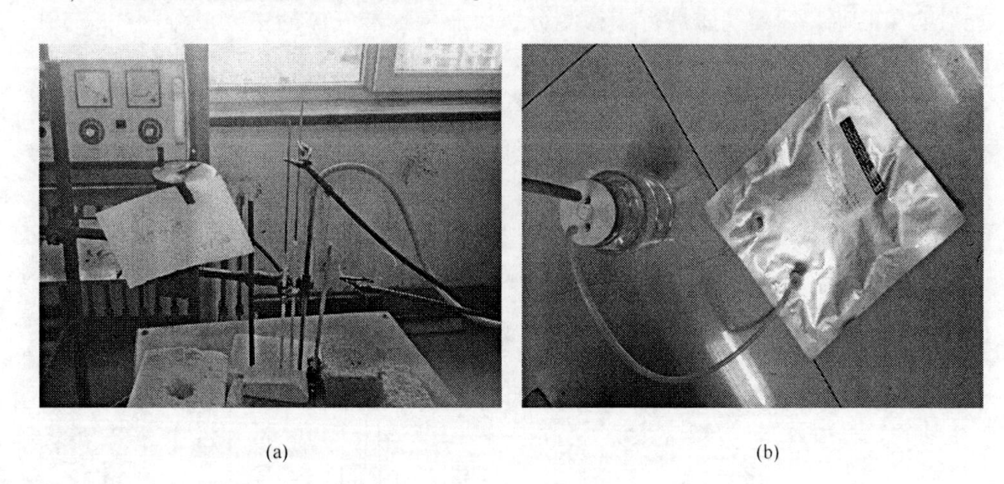

(a) (b)

图 6.14 电解过程实物图（a）和收集阳极气体（b）

图 6.15 为电解过程电流随时间变化的关系曲线。由图可以看出，在整个 180min 的电解过程中，电流基本维持稳定，并且随着电解时间的延长，电流呈缓慢增加的趋势，可能是由于在阴极表面上形成了碳，增大了阴极的表面积，导致电流逐渐增大。

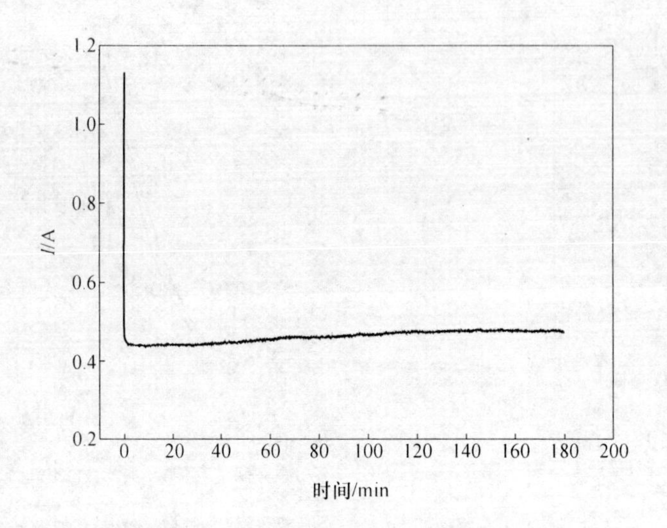

图 6.15　电解过程的电流与时间的关系

6.3.5　阳极气体检测与分析

采用气相色谱法对收集的阳极气体进行分析。在检测阳极气体产物之前，首先对购买的瓶装标准气体进行了检测分析。瓶装标准气体的主要成分为 39.73% O_2，55.25% N_2 和 5.02% CO_2，购于大连大特气体有限公司，通过集气袋取适量的标准气进行气相色谱分析。图 6.16 为标准气的气相色谱图。由图可以看出，CO_2、O_2 和 N_2 在气相色谱柱上的停留时间分别为 8.1min、11.4min 和 12.1min。

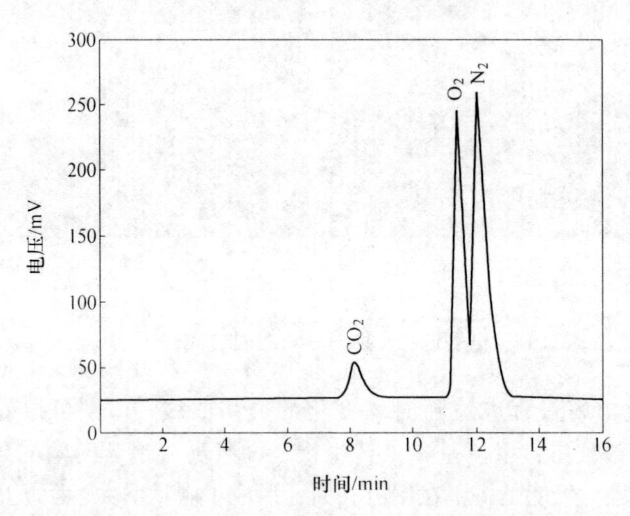

图 6.16　标准气体（39.73% O_2，55.25% N_2，5.02% CO_2）气相色谱图

图6.17为Pt阳极在电位1.3V恒电位电解过程中收集的气体产物的气相色谱图。由图可以看出，在停留时间分别为7.9min、11.4min和12.1min处出现了明显的三个信号峰，根据标准气体的气相色谱图可以判断停留时间为11.4min和12.1min处对应的是O_2和N_2，而且氧气的信号强度相对于标准气中氧气的信号强度要明显增强，氮气的信号强度很微弱，少量的氮气可能是由于管路中未排干净的空气引起的。但是在停留时间为7.9min处出现了一个明显的信号峰，而标准气体中CO_2的信号峰在停留时间为8.1min处，为了进一步判定在7.9min处的物质是CO_2，将收集的阳极气体通入澄清的石灰水中，发现澄清的石灰水有变浑浊的现象。因此，可以确定阳极气体的气相色谱图中7.9min处的信号峰对应的是CO_2，可能是由于CO_2浓度影响使阳极气体中的CO_2检测信号峰的位置发生了偏移。

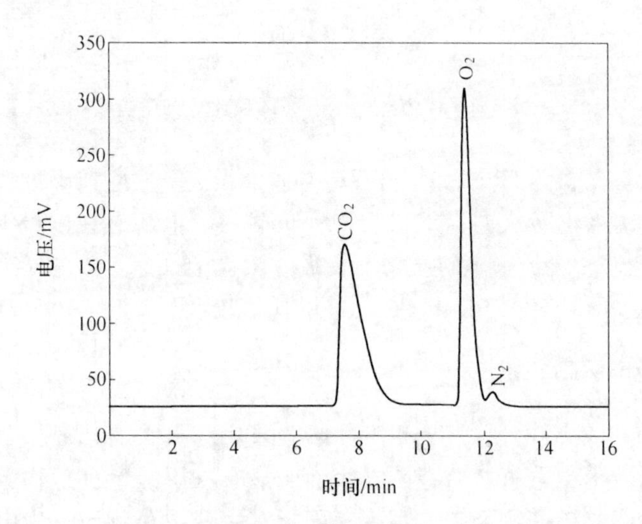

图6.17 在1.3V恒电位电解时阳极气体产物的气相色谱图

用Ti作阴极，Pt片作阳极，在CO_2气氛下温度为903K的95.0LiCl-5.0Li_2O熔盐体系中采用两电极电解，通过改变阳极电流密度，在不同电流密度下电解收集阳极气体产物并对其进行气相色谱分析，考察电流密度对阳极气体产物的影响。图6.18为不同阳极电流密度下的气体产物中CO_2/O_2的变化曲线。

从图6.18可以看出，在电流密度为0.05A/cm^{2}时，CO_2/O_2的比值为0.42，并且随着阳极电流密度的增大，阳极气体产物中CO_2/O_2的比值增大，意味着阳极气体中CO_2的浓度在逐渐升高，或者是阳极气体中CO_2的浓度比O_2的浓度增加更快。在电解过程中，阳极罩的密封性能良好，可以确保无气体泄漏，而且电解气氛中的CO_2很难通过电解质大量地进入阳极气体收集罩中。因此，可以确定CO_2是来源于电解产物，在Pt阳极上发生的电极反应为：$CO_3^{2-}-2e^-=CO_2+$

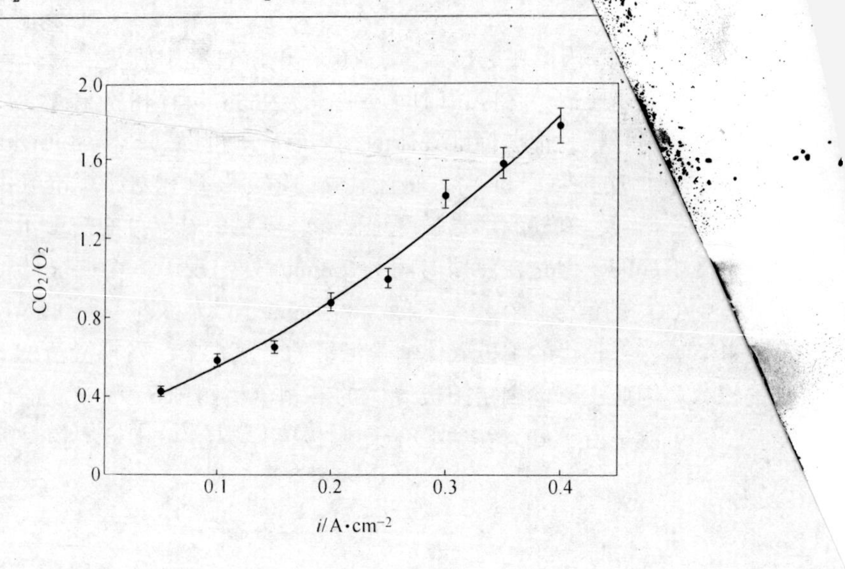

图 6.18 阳极气体 CO_2/O_2 的比值（体积比）与电流密度的关系

$0.5O_2$。Novoselova 等[67]也认为阳极反应是碳酸根离子放电在阳极上生成 CO_2 和 O_2。当阳极电流密度较大时，电极反应速度较快，电解时在阳极上产生的 CO_2 和 O_2 的速度也较快，熔盐电解质来不及吸收阳极上快速生成的 CO_2，使 CO_2 溢出量增加，导致阳极气体产物中 CO_2/O_2 的比值较大。

6.3.6 电极及电解质分析

图 6.19 为电解后的阴极和阳极的光学图片。图 6.19（a）为电解后的阴极照片，可以看出，电解之后在阴极表面明显有一层黑色沉积物，根据之前对阴极产物的检测，该产物为碳，其中表面上有一些白色物质，为电解质，用稀盐酸清洗黑色产物，洗去产物中附着的电解质后，表面呈多孔结构。图 6.19（b）为多次电解后的阳极 Pt 片的图片，可以看出，Pt 片经过多次电解后，表面依然平整光滑，未见有明显的腐蚀，但是表面略呈淡黄色，有文献报道 Pt 用作阳极在含有氧化锂的熔盐体系中高电流密度下电解时在表面上会形成 Li_2PtO_3[178~181]，为了确定是否有新的物质生成，我们将电解后的 Pt 阳极进行了 XRD 检测分析。

图 6.20 为电解后的 Pt 阳极的 XRD 图。由 XRD 分析结果可知，在 Pt 电极上除了 LiF 和 Li_2CO_3 之外，并没有发现有其他物质，说明 Pt 在 95.0LiCl-5.0Li_2O 体系中用作阳极还是比较稳定的。Jeong 等[182]报道了在氯化锂熔盐体系中还原氧化铀时 Pt 阳极的电化学行为，认为当 Pt 阳极上有 O_2 释放时会抑制 Pt 的腐蚀。

图 6.19 在 CO_2 气氛下温度为 903K 的 95.0LiCl-5.0Li_2O 熔盐体系中电解 3h 后的阴极图片（a）和多次电解后的阳极图片（b）

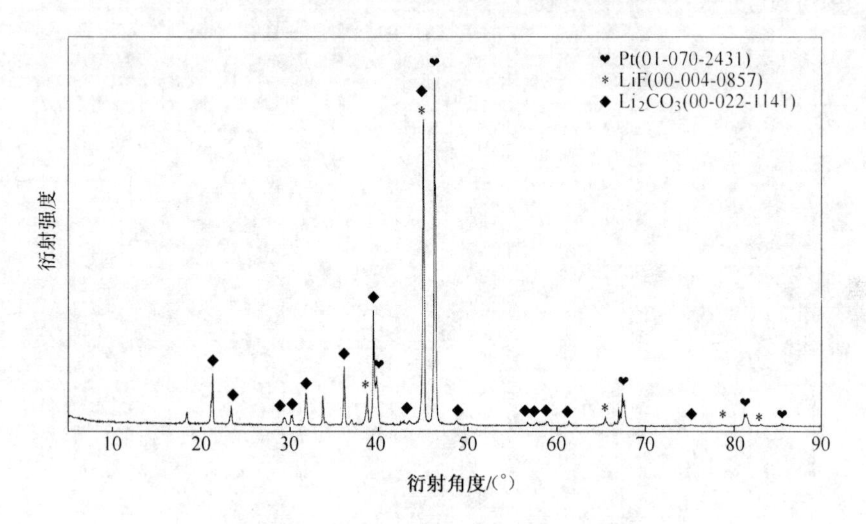

图 6.20 电解后的 Pt 阳极的 XRD 图

6.4 本章小结

通过在 LiCl-Li_2O 熔盐体系中电化学分解 CO_2 制备碳和氧气的研究，得出如下结论：

（1）LiCl-Li_2O 熔盐电解质能有效地吸收 CO_2，在 CO_2 气氛下 LiCl-Li_2O 熔盐电解质被转化为 LiCl-Li_2CO_3 熔盐电解质。

（2）在氩气气氛下，903K 的 95.0LiCl-5.0Li_2O 熔盐体系中进行循环伏安扫描，Li^+的还原电位为-2.4V（vs. Pt）；在 CO_2 气氛下 903K 的 95.0LiCl-5.0Li_2O 熔盐体系中进行循环伏安扫描阴极开始还原电位为-1.0V（vs. Pt），为熔盐体系中的 Li_2O 吸收 CO_2 后生成的 CO_3^{2-} 还原；分别在电位为-1.3V（vs. Pt）和-1.5V（vs. Pt）电解，在 Ti 阴极上得到碳。

（3）在 1atm CO_2 气氛下 903K 的 95.0LiCl-5.0Li_2O 熔盐体系中采用 Pt 作为阳极进行恒电位电解，在电位为 1.3V 下电解，Pt 电极上得到氧气。

（4）用 Ti 作阴极，Pt 作阳极，在 1atm 的 CO_2 气氛下温度为 903K 的 95.0LiCl-5.0Li_2O 熔盐体系中采用两电极电解，阳极电流密度为 0.05A/cm^2 时，阳极气体中 CO_2/O_2 的比值为 0.42，且 CO_2/O_2 的比值随着阳极电流密度的增大而增大。在 Pt 阳极上发生的电极反应为：$CO_3^{2-}-2e^-=CO_2+0.5O_2$。

7 结论与展望

7.1 结论

本书基于 CO_2 资源转化利用为目的，采用熔盐电化学和电解技术，对卤化物-碳酸锂熔盐体系中分解 CO_2 制备碳和氧气开展了相关研究。研究内容包括：采用电化学方法研究了碳酸根离子的电化学还原行为；研究了在 LiF-Li_2CO_3 熔盐体系中以 CO_2 为碳源，电沉积碳膜；对 LiF-Li_2CO_3 和 LiF-KF-Li_2CO_3 熔盐体系中析氧行为进行了相关研究；研究 LiCl-Li_2O 熔盐体系中电解 CO_2 制备碳和氧气。经上述研究，得出如下结论：

（1）在 48.55LiF-50.25NaF-1.20Li_2CO_3 熔盐体系中，碳酸根离子在镍电极上的电化学还原机理是一步得四个电子的反应过程，即 $CO_3^{2-}+4e^-=C+3O^{2-}$，且电极反应是一个不可逆电化学反应，电荷传递系数 α 为 0.21。碳酸根离子在 1023K 的 48.55LiF-50.25NaF-1.20Li_2CO_3 熔盐体系中的扩散系数为 $5.31\times10^{-5}cm^2/s$。扩散系数与温度的关系式为 $\ln D=-5.60-4308.50/T$，对应的扩散活化能 $E_a=$ 35.80kJ/mol。

（2）在 24.47LiF-75.53Li_2CO_3 熔盐体系中研究 CO_2 电沉积碳，在基体镍与沉积碳层间形成了锯齿状的 Ni-C 镶嵌层，963K 时，Ni-C 镶嵌层明显。电位为 −1.1V（vs. Pt）和 −1.3V（vs. Pt）恒电位电解在镍基体上电沉积得到的碳膜表面平整，沉积碳的形貌呈球形颗粒状；在电位为 −1.5V（vs. Pt）时电沉积得到的碳膜表面粗糙，沉积碳的形貌呈晶须状。

（3）在 963K 的 24.47LiF-75.53Li_2CO_3 熔盐体系中电化学分解 CO_2，在 Mo 电极上电沉积得到碳，碳的成核机理为受扩散控制的三维瞬时成核。在电位为 −0.75V（vs. Pt），Mo 电极上电沉积得到石墨碳，其 I_D/I_G 值为 1.48。在电位为 −0.9V（vs. Pt），电沉积碳电流效率和电能消耗达到最优，分别为 78.20% 和 21.70kW · h/kg-C。

（4）在 24.47LiF-75.53Li_2CO_3 熔盐体系中，铁镍合金阳极中的 Fe 优先于 Ni 氧化，Fe 的氧化过程经历 $Fe\rightarrow Fe^{2+}\rightarrow Fe^{3+}$，并在合金阳极表面上形成致密的氧化铁保护膜。在 813K 的 31.73LiF-68.27KF 熔盐体系中，在电位为 1.8V（vs. Pt）Pt 电极开始发生铂的氟化反应 $Pt+4F^--4e^-=PtF_4$；在 813K 的 31.57LiF-

67.93KF-0.5Li_2CO_3 熔盐体系中，碳酸根离子在 Pt 电极上开始氧化的电位为 1.1V（vs. Pt）。

（5）提出了碳酸根离子在 Pt 电极表面氧化析出氧气的反应机理，通过对比理论分析和实验数据得出，在低电位下（$E<0.38V$（vs. Pt）），析氧反应过程的步骤 3 即 $sO^- \rightleftharpoons sO + e^-$ 为速度控制步骤，在高电位下（$E>0.68V$（vs. Pt）），析氧反应过程的步骤 2 即 $sCO_3^{2-} \rightleftharpoons sO^- + CO_2 + e^-$ 为速度控制步骤。

（6）电化学阻抗研究表明在温度为 813K 的 31.57LiF-67.93KF-0.5Li_2CO_3 熔盐体系中，电解质的电阻约为 8.6Ω，升高温度有利于降低电解质的电阻。在温度为 813K，电位为 1.20V（vs. Pt）时，Pt 电极上的电荷传递电阻为 $33.71\Omega \cdot cm^2$，并且随着电位的增加，电荷传递电阻逐渐减少，在电位为 1.30V(vs. Pt)时电荷传递电阻降低至 $12.71\Omega \cdot cm^2$，在高电位下有利于电荷的传递；在相同电位下，升高温度有利于降低电荷传递电阻。

（7）LiCl-Li_2O 熔盐电解质能有效地吸收 CO_2，在 1atm 的 CO_2 气氛下，LiCl-Li_2O 熔盐电解质完全转化为 LiCl-Li_2CO_3 熔盐电解质。在氩气气氛下，903K 的 95.0LiCl-5.0Li_2O 熔盐体系中，Li^+在 Ti 电极上开始还原电位为−2.4V（vs. Pt）；在 1atm 的 CO_2 气氛下 903K 的 95.0LiCl-5.0Li_2O 熔盐体系中，阴极开始还原电位为−1.0V(vs. Pt)，为熔盐体系中的 Li_2O 吸收 CO_2 后生成的 CO_3^{2-} 还原，分别在电位为−1.3V(vs. Pt) 和−1.5V(vs. Pt) 下电解，在 Ti 阴极上得到碳。

（8）在 1atm 的 CO_2 气氛下，在 903K 的 95.0LiCl-5.0Li_2O 熔盐体系中采用 Pt 作阳极、Ti 作阴极电解，在 Pt 电极得到氧气。阳极电流密度为 $0.05A/cm^2$ 时，阳极气体中 CO_2/O_2 的比值为 0.42，且 CO_2/O_2 比值随着阳极电流密度的增大而增大。在 Pt 阳极上发生的电极反应为：$CO_3^{2-}-2e^- = CO_2+0.5O_2$。

7.2 展望

在国家倡导减排降碳、发展循环经济、实现绿色生产的大环境下，CO_2 的固定与资源转化利用技术前景光明。CO_2 是一种廉价、丰富的 C1 资源，同时也可以对其分解制备 O_2；但 CO_2 的化学性质极其稳定，高度化学惰性，如何实现温和条件下分解转化 CO_2 是一个极具挑战性的科学问题。尽管实验成功实现了熔盐电化学转化 CO_2 制备碳和氧气，然而，尚有许多工程技术细节问题需要后续研究。

在阴极产物碳的研究方面，本研究电沉积得到的碳是以石墨结构和无定型碳为主，单纯地将 CO_2 转化为石墨碳或无定型碳，其附加值并不高。如能实现将 CO_2 转化为高附加值的石墨烯、碳纤维、碳纳米管等无疑是更具诱惑力的选择。

要实现制备高附加值碳，在阴极材料、电解条件（如控制电极电位、控制电极反应速度）等方面有待做更深入的研究。

在二氧化碳电解制备氧气的研究方面，本书提出了在 Pt 电极上的析氧反应机理，并且在 Pt 阳极上得到了氧气，但阳极反应过程伴有 CO_2 产生，阳极气体为 O_2 和 CO_2 的混合气体。阳极气体作供给呼吸用时需要分离 CO_2，可以通过碱土金属氧化物过滤吸收后再释放；或者适当地减少阳极电流密度，以提高阳极气体产物中 O_2 的浓度。

最后，希望本书能给 CO_2 资源转化利用以及开发火星大气制氧技术等相关研究领域提供一些参考与借鉴。

参 考 文 献

[1] Lal R. Sequestration of atmospheric CO_2 in global carbon pools[J]. Energy & Environmental Science, 2008, 1 (1): 86~100.

[2] 刘卫东，张雷，王礼茂，等．我国低碳经济发展框架初步研究[J]. 地理研究，2010，29 (5): 778~788.

[3] 能源与环境政策研究中心．二氧化碳的铺集与封存[M]. 北京：化学工业出版社，2010.

[4] Olsen E, TomkuteV. Carbon capture in molten salts[J]. Energy Science & Engineering, 2013, 1 (3): 144~150.

[5] Macdowell N, Florin N, Buchard A. An overview of CO_2 capture technologies[J]. Energy & Environmental Science, 2010, 3: 1645~1669.

[6] TomkuteV, Solheim A, Olsen E. CO_2 capture by CaO in molten CaF_2-$CaCl_2$: optimization of the process and cyclability of CO_2 capture[J]. Energy & Fuels, 2014, 28 (8): 5345~5353.

[7] Goeppert A, Czaun M, Prakash G K S, et al. Air as the renewable carbon source of the future: an overview of CO_2 capture from the atmosphere[J]. Energy & Environmental Science, 2012, 5 (7): 7833~7853.

[8] Xiao Y, Chen B, Yang H, et al. Electrosynthesis of enantiomerically pure cyclic carbonates from CO_2 and chiral epoxides[J]. Electrochemistry Communications, 2014, 43: 71~74.

[9] Owen T, Biemann K, Rushneck D R, et al. The composition of the atmosphere at the surface of Mars[J]. Journal of Geophysical Research, 1977, 82 (28): 4635~4639.

[10] Sridhar K R, Vaniman B T. Oxygen production on Mars using solid oxide electrolysis[J]. Solid State Ionics, 1997, 93 (s3~4): 321~328.

[11] Freund H J, Roberts M W. Surface chemistry of carbon dioxide[J]. Surface Science Reports, 1996, 25 (8): 225~273.

[12] 陈红萍，梁英华，王奔．二氧化碳的化学利用及催化体系的研究进展[J]. 化工进展，2009，(z1): 271~278.

[13] http://baike.baidu.com/view/17816.htm.

[14] 郭晓明，毛东森，卢冠忠，等．CO_2 加氢合成甲醇催化剂的研究进展[J]. 化工进展，2012，(3): 477~488.

[15] Andrew J, Hunt Dr, Emily H K, et al. Generation, capture, and utilization of industrial carbon dioxide[J]. Chemsuschem, 2010, 3 (3): 306~322.

[16] 江琦，赵军，冯景贤．由二氧化碳直接合成碳酸二甲酯[J]. 天然气化工，2001，26 (6): 34~38.

[17] Jiang C, Guo Y, Wang C, et al. Synthesis of dimethyl carbonate from methanol and carbon dioxide in the presence of polyoxometalates under mild conditions [J]. Applied Catalysis A General, 2003, 256 (1): 203~212.

[18] La K W, Youn M H, Chung J S, et al. Synthesis of dimethyl carbonate from methanol and carbon dioxide by heteropolyacid/metal oxide catalysts [J]. Solid State Phenomena, 2007, 119

(119): 287~290.

[19] Bian J, Xiao M, Wang S, et al. Highly effective synthesis of dimethyl carbonate from methanol and carbon dioxide using a novel copper-nickel/graphite bimetallic nanocomposite catalyst[J]. Chemical Engineering Journal, 2009, 147 (2~3): 287~296.

[20] 周天辰，何川，张亚男，等 . CO_2 的光电催化还原[J]. 化学进展，2012,(10): 1897~1905.

[21] 王超，陈达，刘姝，等 . TiO_2 光催化还原 CO_2 研究进展[J]. 材料导报，2011，25 (7): 38~46.

[22] Dimitrijevic N M, Vijayan B K, Poluektov O G, et al. Role of water and carbonates in photocatalytic transformation of CO_2 to CH_4 on titania[J]. Journal of the American Chemical Society, 2011, 133 (11): 3964~3971.

[23] Inoue T, Fujishima A, Konishi S, et al. Photoelectrocatalytic reduction of carbon dioxide in aqueous suspensions of semiconductor powders[J]. Nature, 1979, 277 (5698): 637~638.

[24] Woolerton T W, Sally S, Erwin R, et al. Efficient and clean photoreduction of CO_2 to CO by enzyme-modified TiO_2 nanoparticles using visible light[J]. Journal of the American Chemical Society, 2010, 132 (7): 2132~2133.

[25] 吴聪萍，周勇，邹志刚 . 光催化还原 CO_2 的研究现状和发展前景[J]. 催化学报，2011, 32 (10): 1565~1572.

[26] Teramura K, Tanaka T. Photocatalytic reduction of CO_2 using H_2 as reductant over solid base photocatalysts[J]. Acs Symposium, 2010: 15~24.

[27] Teramura K, Tanaka T, Ishikawa H, et al. Photocatalytic reduction of CO_2 to CO in the presence of H_2 or CH_4 as a reductant over MgO[J]. Journal of Physical Chemistry B, 2004, 108 (1): 346~354.

[28] Yan S C, Ouyang S X, Gao J, et al. A Room-temperature reactive-template route to mesoporous $ZnGa_2O_4$ with improved photocatalytic activity in reduction of CO_2[J]. Angewandte Chemie International Edition, 2010, 49 (36): 6400~6404.

[29] Todoroki M, Hara K, Kudo A, et al. Electrochemical reduction of high pressure CO_2 at Pb, Hg and In electrodes in an aqueous $KHCO_3$ solution[J]. Journal of Electroanalytical Chemistry, 1995, 394 (1~2): 199~203.

[30] Fujita E. Photochemical carbon dioxide reduction with metal complexes[J]. Coordination Chemistry Reviews, 1999, 185~186: 373~384.

[31] Paik W, Andersen T N, Eyring H. Kinetic studies of the electrolytic reduction of carbon dioxide on the mercury electrode[J]. Electrochimica Acta, 1969, 14 (12): 1217~1232.

[32] Szklarczyk M, Kainthla R C, Bockris J O M. On the dielectric breakdown of water; An electrochemical approach[J]. Journal of the Electrochemical Society; (USA), 1989, 136 (9): 2512~2521.

[33] Le M, Ren M, Zhang Z, et al. Electrochemical reduction of CO_2 to CH_3OH at copper oxide surfaces[J]. Journal of the Electrochemical Society, 2011, 158 (5): E45~E49.

[34] Stevens G B, Reda T, Raguse B. Energy storage by the electrochemical reduction of CO_2 to CO

at a porous Au film[J]. Journal of Electroanalytical Chemistry, 2002, 526 (1~2): 125~133.

[35] Ikeda S, Takagi T, Ito K. Selective formation of formic acid, oxalic acid, and carbon monoxide by electrochemical reduction of carbon dioxide[J]. Bulletin of the Chemical Society of Japan, 1987, 60 (7): 2517~2522.

[36] Hori Y, Takahashi I, Osamu Koga A, et al. Selective formation of C2 compounds from electrochemical reduction of CO_2 at a series of copper single crystal electrodes[J]. Journal of Physical Chemistry B, 2002, 106 (1): 15~17.

[37] Hoshi N, Kawatani S, Kudo M, et al. Significant enhancement of the electrochemical reduction of CO_2 at the kink sites on Pt(S)-[n(110)×(100)]and Pt(S)-[n(100)×(110)][J]. Journal of Electroanalytical Chemistry, 1999, 467 (1~2): 67~73.

[38] Hoshi N, Hori Y. Electrochemical reduction of carbon dioxide at a series of platinum single crystal electrodes[J]. Electrochimica Acta, 2000, 45 (25): 4263~4270.

[39] Hoshi N, Sato E, Hori Y. Electrochemical reduction of carbon dioxide on kinked stepped surfaces of platinum inside the stereographic triangle[J]. Journal of Electroanalytical Chemistry, 2003, 540 (2): 105~110.

[40] Eneau-Innocent B, Pasquier D, Ropital F, et al. Electroreduction of carbon dioxide at a lead electrode in propylene carbonate: a spectroscopic study[J]. Applied Catalysis B Environmental, 2010, 98 (1~2): 65~71.

[41] Costentin C, Robert M, Savéant J. Catalysis of the electrochemical reduction of carbon dioxide [J]. Chemical Society reviews, 2013, 42 (6): 2423~2436.

[42] Hara K, Kudo A, Sakata T. Electrochemical reduction of carbon dioxide under high pressure on various electrodes in an aqueous electrolyte[J]. Journal of Electroanalytical Chemistry, 1995, 391 (1~2): 141~147.

[43] Sánchez-Sánchez C M, Montiel V, Tryk D A, et al. Electrochemical approaches to alleviation of the problem of carbon dioxide accumulation[J]. Pure & Applied Chemistry, 2001, 73 (12): 1917~1927.

[44] 陶映初，吴少晖，张曦．CO_2 电化学还原研究进展[J]. 化学通报，2001，64 (5)：272~277.

[45] Kopljar D, Inan A, Vindayer P, et al. Electrochemical reduction of CO_2 to formate at high current density using gas diffusion electrodes[J]. Journal of Applied Electrochemistry, 2014, 44 (10): 1107~1116.

[46] Li C W, Kanan M W. CO_2 reduction at low overpotential on Cu electrodes resulting from the reduction of thick Cu_2O films. [J]. Journal of the American Chemical Society, 2012, 134 (17): 7231~7234.

[47] 杨绮琴，段淑贞．熔盐电化学的新进展[J]. 电化学，2001，7 (1)：10~17.

[48] 吕旺燕，刘世念，苏伟，等．熔盐电沉积碳材料的研究进展[J]. 材料导报，2012，26 (z1)：248~251.

[49] 张明杰，王兆文．熔盐电化学原理与应用[M]. 北京：化学工业出版社，2006.

[50] KaplanV, Wachtel E, Gartsman K, et al. Conversion of CO_2 to CO by electrolysis of molten lithium carbonate[J]. Journal of the Electrochemical Society, 2010, 157 (4): B552~B556.

[51] KaplanV, Wachtel E, Lubomirsky I. CO_2 to CO electrochemical conversion in molten Li_2CO_3 is stable with respect to sulfur contamination[J]. Journal of the Electrochemical Society, 2014, 161 (1): F54~F57.

[52] Peele W H A, Hemmes K, de Wit J H W. CO_2 reduction in molten 62/38 mole% Li/K carbonate mixture[J]. Electrochimica Acta, 1998, 43 (7): 763~769.

[53] Chery D, Albin V, Lair V, et al. Thermodynamic and experimental approach of electrochemical reduction of CO_2 in molten carbonates[J]. International Journal of Hydrogen Energy, 2014, 39 (23): 12330~12339.

[54] Ingram M D, Baron B, Janz G J. The electrolytic deposition of carbon from fused carbonates [J]. Electrochimica Acta, 1966, 11 (11): 1629~1639.

[55] Kaplan B, Groult H, Barhoun A, et al. Synthesis and structural characterization of carbon powder by electrolytic reduction of molten Li_2CO_3-Na_2CO_3-K_2CO_3 [J]. Journal of the Electrochemical Society, 2002, 149 (5): D72~D78.

[56] Kawamura H, Ito Y. Electrodeposition of cohesive carbon films on aluminum in a LiCl-KCl-K_2CO_3 melt[J]. Journal of Applied Electrochemistry, 2000, 30(5): 571~574.

[57] Massot L, Chamelot P, Bouyer F, et al. Electrodeposition of carbon films from molten alkaline fluoride media[J]. Electrochimica Acta, 2002, 47(12): 1949~1957.

[58] Le Van K, Groult H, Lantelme F, et al. Electrochemical formation of carbon nano-powders with various porosities in molten alkali carbonates[J]. Electrochimica Acta, 2009, 54 (19): 4566~4573.

[59] Chen G, Shi Z, Shi D, et al. Research on electro-deposition of carbon from LiF-NaF-Na_2CO_3 molten salt system[J]. Proceedings of 2010 World Non-Grid-Connected Wind Power and Energy Conference, WNWEC 2010, 2010: 218~220.

[60] Licht S, Wang B, Ghosh S, et al. A new solar carbon capture process: solar thermal electrochemical photo (STEP) carbon capture[J]. Journal of Physical Chemistry Letters, 2010, 1 (15): 2363~2368.

[61] Yin H, Mao X, Tang D, et al. Capture and electrochemical conversion of CO_2 to value-added carbon and oxygen by molten salt electrolysis[J]. Energy & Environmental Science, 2013, 6 (5): 1538~1545.

[62] Tang D, Yin H, Mao X, et al. Effects of applied voltage and temperature on the electrochemical production of carbon powders from CO_2 in molten salt with an inert anode [J]. Electrochimica Acta, 2013, 114: 567~573.

[63] Ijije H V, Sun C, Chen G Z. Indirect electrochemical reduction of carbon dioxide to carbon nanopowders in molten alkali carbonates: Process variables and product properties[J]. Carbon, 2014, 73: 163~174.

[64] Gakim M, Khong L M, Janaun J, et al. Production of carbon via electrochemical conversion of

CO_2 in carbonates based molten salt [J]. Advanced Materials Research, 2015, 1115: 361~365.

[65] 王宝辉，洪美花，吴红军，等. 熔盐电解还原二氧化碳制碳技术[J]. 化工进展，2013，32 (9): 2120~2125.

[66] Novoselova I A, Volkov S V, Oliinyk N F, et al. High-temperature electrochemical synthesis of carbon-containing inorganic compounds under excessive carbon dioxide pressure[J]. Journal of Mining and Metallurgy, 2013, 39 (1~2): 281~293.

[67] Novoselova I A, Oliinyk N F, Voronina A B, et al. Electrolytic generation of nano-scale carbon phases with framework structures in molten salts on metal cathodes[J]. Zeitschrift Fur Naturforschung A, 2007, 63a: 467~474.

[68] Novoselova I A, Oliinyk N F, Volkov S V, et al. Electrolytic synthesis of carbon nanotubes from carbon dioxide in molten salts and their characterization[J]. Physica E: Low-dimensional Systems and Nanostructures, 2008, 40 (7): 2231~2237.

[69] Borucka A. Evidence for the existence of stable $CO_2^{=}$ ion and response time of gas electrodes in molten alkali carbonates [J]. Journal of the Electrochemical Society, 1977, 124 (7): 972~976.

[70] Deanhardt M L. Thermal decomposition and reduction of carbonate ion in fluoride melts [J]. Journal of the Electrochemical Society, 1986, 133 (6): 1148.

[71] Lantelme F, Kaplan B, Groult H, et al. Mechanism for elemental carbon formation in molecular ionic liquids[J]. Journal of Molecular Liquids, 1999, 83 (1): 255~269.

[72] Kaplan B, Groult H, Komaba S, et al. Synthesis of nanostructured carbon material by electroreduction in fused alkali carbonates[J]. Chemistry Letters, 2001 (7): 714~715.

[73] Lorenz P K, Janz G J. Electrolysis of molten carbonates: anodic and cathodic gas-evolving reactions[J]. Electrochimica Acta, 1970, 15 (6): 1025~1035.

[74] Hasegawa Y, Otani R, Yonezawa S, et al. Reaction between carbon dioxide and elementary fluorine[J]. Journal of Fluorine Chemistry, 2007, 128 (1): 17~28.

[75] Braiman M S, Wilfried S K, Varjas C J. Bromine-sensitized solar photolysis of CO_2[J]. Journal of Physical Chemistry B, 2012, 116 (35): 10430~10436.

[76] Breedlove B K, Ferrence G M, Washington J, et al. A photoelectrochemical approach to splitting carbon dioxide for a manned mission to Mars[J]. Materials and Design, 2001, 22 (7): 577~584.

[77] Vuskovic L, Shi Z, Ash R L, et al. Radio-frequency-based glow-discharge extraction of oxygen from martian atmosphere: experimental results and system validation strategies [C]. Situ Resource Utilization Technical Interchange Meeting. In Situ Resource Utilization (ISRU) Technical Interchange Meeting, 1997.

[78] Zhan Z, Zhao L. Electrochemical reduction of CO_2 in solid oxide electrolysis cells[J]. Journal of Power Sources, 2010, 195 (21): 7250~7254.

[79] Ni M. Modeling of a solid oxide electrolysis cell for carbon dioxide electrolysis[J]. Chemical En-

gineering Journal, 2010, 164 (1): 246~254.

[80] Tao G, Sridhar K R, Chan C L. Study of carbon dioxide electrolysis at electrode/electrolyte interface: Part Ⅰ. Pt/YSZ interface[J]. Solid State Ionics, 2004, 175(1): 615~619.

[81] Tao G, Sridhar K R, Chan C L. Study of carbon dioxide electrolysis at electrode/electrolyte interface: Part Ⅱ. Pt-YSZ cermet/YSZ interface[J]. Solid State Ionics, 2004, 175(1~4): 621~624.

[82] Ijije H V, Lawrence R C, Siambun N J, et al. Electro-deposition and re-oxidation of carbon in carbonate-containing molten salts[J]. Faraday Discussions, 2014, 172: 105~116.

[83] Ijije H V, Lawrence R C, Chen G Z. Carbon electrodeposition in molten salts: electrode reactions and applications[J]. RSC Advances, 2014, 4 (67): 35808~35817.

[84] Song Q, Xu Q, Xing C. Preparation of a gradient Ti-TiOC-carbon film by electro-deposition [J]. Electrochemistry Communications, 2012, 17: 6~9.

[85] Song Q, Xu Q, Wang Y, et al. Electrochemical deposition of carbon films on titanium in molten LiCl-KCl-K_2CO_3[J]. Thin Solid Films, 2012, 520 (23): 6856~6863.

[86] Song Q, Xu Q, Shang X, et al. Electrochemical preparation of a carbon/Cr-O-C bilayer film on stainless steel in molten LiCl-KCl-K_2CO_3 [J]. Journal of the Electrochemical Society, 2015, 162 (1): D82~D85.

[87] Lv W Y, Zeng C L. Preparation of cohesive graphite films by electroreduction of CO_3^{2-} in molten Na_2CO_3-NaCl[J]. Surface and Coatings Technology, 2012, 206 (19~20): 4287~4292.

[88] Massot L, Chamelot P, Bouyer F, et al. Studies of carbon nucleation phenomena in molten alkaline fluoride media[J]. Electrochimica Acta, 2003, 48 (5): 465~471.

[89] Ren J, Lau J, Lefler M, et al. The minimum electrolytic energy needed to convert carbon dioxide to carbon by electrolysis in carbonate melts[J]. Journal of Physical Chemistry C, 2015, 119 (41): 23342~23349.

[90] Dimitrov A T. Study of molten Li_2CO_3 electrolysis as a method for production of carbon nanotubes [J]. Macedonian Journal of Chemistry and Chemical Engineering, 2009, 28 (1): 111~118.

[91] Janz G J, Conte A. Potentiostatic polarization studies in fused carbonates-I. The noble metals, silver and nickel[J]. Electrochimica Acta, 1964, 9 (10): 1269~1278.

[92] Sadoway D R. A materials systems approach to selection and testing of nonconsumable anodes for the Hall cell[J]. Light Metals, 1990: 403~407.

[93] 石忠宁, 徐君莉, 邱竹贤. 铝电解惰性金属阳极材料选择与讨论[J]. 轻金属, 2002, (10): 40~43.

[94] 石忠宁. 铝电解惰性金属阳极和金属-氧化铝阳极的研制与测试[D]. 沈阳: 东北大学, 2004.

[95] 曹晓舟. 铝电解惰性阳极制备与性能测试[D]. 沈阳: 东北大学, 2008.

[96] 丁海洋, 卢世刚, 阚素荣, 等. 铝电解用金属惰性阳极的研究进展[J]. 稀有金属, 2009, 33 (3): 420~425.

[97] 石忠宁, 徐君莉, 邱竹贤, 等. Cu-Ni-Al 金属阳极抗氧化耐腐蚀性能研究[J]. 轻金属,

2003，(6)：22~24.

[98] 石忠宁，徐君莉，高炳亮，等. Cu-Ni-Al 惰性金属阳极铝电解应用测试[J]. 东北大学学报，2003，24 (4)：361~364.

[99] 石忠宁，徐君莉，邱竹贤，等. Ni-Fe-Cu 惰性金属阳极的抗氧化和耐蚀性能[J]. 中国有色金属学报，2004，14 (4)：591~595.

[100] 薛济来，邱竹贤. 铝电解用 SnO_2 基惰性阳极的制备及其性能[J]. 东北工学院学报，1984，(2)：107~115.

[101] 石忠宁，徐君莉，邱竹贤. 金属陶瓷惰性阳极铝电解扩大实验研究[J]. 东北大学学报，2004，25 (4)：382~385.

[102] Yin H，Tang D，Zhu H，et al. Production of iron and oxygen in molten K_2CO_3-Na_2CO_3 by electrochemically splitting Fe_2O_3 using a cost affordable inert anode[J]. Electrochemistry Communications，2011，13 (12)：1521~1524.

[103] Hu L，Song Y，Ge J，et al. Capture and electrochemical conversion of CO_2 to ultrathin graphite sheets in $CaCl_2$-based melts[J]. Journal of Materials Chemistry A，2015，3：21211~21218.

[104] 贾铮，戴长松，陈玲. 电化学测量方法[M]. 北京：化学工业出版社，2006.

[105] 邵元华，朱国逸，董献堆，等. 电化学方法原理和应用[M]. 北京：化学工业出版社，2012.

[106] O'Dea J J，Osteryoung J，Osteryoung R A. Theory of square wave voltammetry for kinetic systems[J]. Analytical Chemistry，2002，53 (4)：695~701.

[107] 胡会利，李宁. 电化学测量[M]. 北京：国防工业出版社，2007.

[108] 史美伦. 交流阻抗谱原理及应用[M]. 北京：国防工业出版社，2001.

[109] Rerolle C，Wiart R. Kinetics of oxygen evolution on Pb and Pb-Ag anodes during zinc electrowinning[J]. Electrochimica Acta，1996，41 (7~8)：1063~1069.

[110] PoulainV，Petitjean J P，Dumont E，et al. Pretreatments and filiform corrosion resistance of cataphoretic painted aluminium characterization by EIS and spectroscopic ellipsometry[J]. Electrochimica Acta，1996，41 (7~8)：1223~1231.

[111] de Wit J H W，Lenderink H J W. Electrochemical impedance spectroscopy as a tool to obtain mechanistic information on the passive behaviour of aluminium[J]. Electrochimica Acta，1996，41 (7~8)：1111~1119.

[112] Gaberšček M，Pejovnik S. Impedance spectroscopy as a technique for studying the spontaneous passivation of metals in electrolytes[J]. Electrochimica Acta，1996，41 (7~8)：1137~1142.

[113] 曹楚南，张鉴清. 电化学阻抗谱导论[M]. 北京：科学出版社，2002.

[114] 杨军，解晶莹，王久林. 化学电源测试原理与技术[M]. 北京：化学工业出版社，2006.

[115] 成会明. 纳米碳管制备、结构、物性及应用[M]. 北京：化学工业出版社，2002.

[116] Hu X W，Qu J Y，Gao B L，et al. Raman spectroscopy and ionic structure of Na_3AlF_6-Al_2O_3 melts[J]. Transactions of Nonferrous Metals Society of China，2011，21 (2)：402~406.

[117] 吕秀梅，尤静林，王媛媛，等. Na_3AlF_6-Al_2O_3 系熔盐离子结构的拉曼光谱研究[J]. 光散射学报，2015，27 (1)：39~43.

[118] Smolenski V, Novoselova A, Osipenko A, et al. Electrochemistry of ytterbium (Ⅲ) in molten alkali metal chlorides[J]. Electrochimica Acta, 2008, 54 (2): 382~387.

[119] Hamel C, Chamelot P, Laplace A, et al. Reduction process of uranium (Ⅵ) and uranium (Ⅲ) in molten fluorides[J]. Electrochimica Acta, 2007, 52 (12): 3995~4003.

[120] Liu K, Liu Y, Yuan L, et al. Electrochemical formation of erbium-aluminum alloys from erbia in the chloride melts[J]. Electrochimica Acta, 2014, 116 (2): 434~441.

[121] Hamel C, Chamelot P, Taxil P. Neodymium (Ⅲ) cathodic processes in molten fluorides [J]. Electrochimica Acta, 2004, 49 (25): 4467~4476.

[122] Bermejo M R, Gómez J, Martínez A M, et al. Electrochemistry of terbium in the eutectic LiCl-KCl[J]. Electrochimica Acta, 2008, 53 (16): 5106~5112.

[123] He X, Hou B, Li C, et al. Electrochemical mechanism of trivalent chromium reduction in 1-butyl-3-methylimidazolium bromide ionic liquid[J]. Electrochimica Acta, 2014, 130 (4): 245~252.

[124] 刘刈，王长水，曹龙浩，等. 氟化物熔盐中铀离子的电化学行为研究[J]. 化学通报，2013，(11)：1049~1052.

[125] Baruch M F, Pander J E, White J L, et al. Mechanistic insights into the reduction of CO_2 on tin electrodes using in situ ATR-IR spectroscopy [J]. ACS Catalysis, 2015, 5 (5): 3148~3156.

[126] Peeters D, Moyaux D, Claes P. Solubility and solvation of carbon dioxide in the molten $Li_2CO_3/Na_2CO_3/K_2CO_3$ (43.5 : 31.5 : 25.0 mol-%) eutectic mixture at 973 K Ⅱ. Theoretical part[J]. European Journal of Inorganic Chemistry, 1999, 1999 (4): 589~592.

[127] Peeters D, Moyaux D, Claes P. Solubility and solvation of carbon dioxide in the molten $Li_2CO_3/Na_2CO_3/K_2CO_3$ (43.5 : 31.5 : 25.0 mol-%) eutectic mixture at 973K Ⅰ. Experimental part [J]. European Journal of Inorganic Chemistry, 1999, 1999 (4): 583~588.

[128] Ge J, Hu L, Wang W, et al. Electrochemical conversion of CO_2 into negative electrode materials for Li-Ion batteries[J]. ChemElectroChem, 2015, 2 (2): 224~230.

[129] 郑利峰，郑国渠，曹华珍，等. 氨络合物体系中镍在玻璃碳上的电化学成核机理[J]. 材料科学与工程学报，2003，21 (6)：882~885.

[130] Fletcher S. Some new formulae applicable to electrochemical nucleation/growth/collision [J]. Electrochimica Acta, 1983, 28 (7): 917~923.

[131] Scharifker B, Hills G. Theoretical and experimental studies of multiple nucleation [J]. Electrochimica Acta, 1983, 28 (7): 879~889.

[132] Huang J F, Sun I W. Electrochemical Studies of Tin in Zinc Chloride-1-ethyl-3-methylimidazolium Chloride Ionic Liquids [J]. Journal of the Electrochemical Society, 2003, 150 (6): E299~E306.

[133] Legrand L, Tranchant A, Messina R. Electrodeposition studies of aluminum on tungsten electrode from $DMSO_2$ electrolytes. Determination of AⅢ species diffusion coefficients[J]. Journal of the Electrochemical Society, 1994, 141 (2): 378~382.

[134] Soto A B, Arce E M, Palomar-Pardavé M, et al. Electrochemical nucleation of cobalt onto glassy carbon electrode from ammonium chloride solutions[J]. Electrochimica Acta, 1996, 41 (16): 2647~2655.

[135] Castrillejo Y, Bermejo M R, Martínez A M, et al. Electrochemical behavior of lanthanum and yttrium ions in two molten chlorides with different oxoacidic properties: The eutectic LiCl-KCl and the equimolar mixture $CaCl_2$-NaCl[J]. Journal of Mining & Metallurgy, 2003, 39 (1~2): 109~135.

[136] Ge J, Wang S, Zhang F, et al. Electrochemical preparation of carbon films with a Mo_2C interlayer in LiCl-NaCl-Na_2CO_3 melts[J]. Applied Surface Science, 2015, 347: 401~405.

[137] Tuinstra F, Koenig J L. Raman spectrum of graphite[J]. Journal of Chemical Physics, 1970, 53 (3): 1126~1130.

[138] Groult H, Kaplan B, Lantelme F, et al. Preparation of carbon nanoparticles from electrolysis of molten carbonates and use as anode materials in lithium-ion batteries[J]. Solid State Ionics, 2006, 177 (9~10): 869~875.

[139] Merkulov V I, Lannin J S, Munro C H, et al. uv Studies of tetrahedral bonding in diamondlike amorphous carbon[J]. Physical Review Letters, 1997, 78 (25): 4869~4872.

[140] Robertson J. Diamond-like amorphous carbon[J]. Materials Science and Engineering: R: Reports, 2002, 37 (4~6): 129~281.

[141] Robertson J. Properties and prospects for non-crystalline carbons[J]. Journal of Non-Crystalline Solids, 2002, 299 (1): 798~804.

[142] 田忠良, 赖延清, 张刚, 等. 铝电解用 $NiFe_2O_4$-Cu 金属陶瓷惰性阳极的制备[J]. 中国有色金属学报, 2003, 13 (6): 1540~1545.

[143] 焦万丽, 姚广春, 张磊, 等. 镍铁尖晶石基惰性阳极材料腐蚀热力学分析[J]. 材料导报, 2004, 18 (7): 34~36.

[144] Olsen E, Thonstad J. Nickel ferrite as inert anodes in aluminium electrolysis: Part Ⅰ Material fabrication and preliminary testing[J]. Journal of Applied Electrochemistry, 1999, 29 (3): 293~299.

[145] Olsen E, Thonstad J. Nickel ferrite as inert anodes in aluminium electrolysis: Part Ⅱ Material performance and long-term testing[J]. Journal of Applied Electrochemistry, 1999, 29 (3): 301~311.

[146] 周科朝, 陶玉强. 铁酸镍基金属陶瓷惰性阳极材料的研究进展[J]. 中国有色金属学报, 2011, 21 (10): 2418~2429.

[147] Hwang E R, Kang S G. A study of a corrosion-resistant coating for a separator for a molten carbonate fuel cell[J]. Journal of Power Sources, 1998, 76 (1): 48~53.

[148] Xu S, Zhu Y, Huang X, et al. Corrosion resistance of the intermetallic compound, NiAl, in a molten carbonate fuel cell environment[J]. Journal of Power Sources, 2002, 103 (2): 230~236.

[149] Tzvetkoff T, Gencheva P. Mechanism of formation of corrosion layers on nickel and nickel-based alloys in melts containing oxyanions-a review[J]. Materials Chemistry and Physics,

2003, 82 (3): 897~904.

[150] 查全性. 电极过程动力学导论[M]. 北京: 科学出版社, 2002.

[151] Massot L, Chamelot P, Gibilaro M, et al. Nitrogen evolution as anodic reaction in molten LiF-CaF_2[J]. Electrochimica Acta, 2011, 56 (14): 4949~4952.

[152] Siddiqui S A, Rasheed T, Pandey A K. Quantum chemical study of Pt F_n and $PtCl_n$ ($n=1\sim6$) complexes: An investigation of superhalogen properties[J]. Computational and Theoretical Chemistry, 2012, 979: 119~127.

[153] 陈振方, 蒋汉瀛, 舒余德, 等. PbO_2-Ti/MnO_2 电极上析氧反应动力学及电催化[J]. 金属学报, 1992, (2): 52~58.

[154] Allen J A, Tulloch J, Wibberley L, et al. Kinetic analysis of the anodic carbon oxidation mechanism in a molten carbonate medium [J]. Electrochimica Acta, 2014, 129 (6): 389~395.

[155] 陈建军, 杨建红, 陈晓春, 等. 新型 $NiCo_2O_4$电极析氧反应机理[J]. 中南工业大学学报 (自然科学版), 2000, 31 (4): 303~306.

[156] Bronoel G, Reby J. Mechanism of oxygen evolution in basic medium at a nickel electrode [J]. Electrochimica Acta, 1980, 25 (7): 973~976.

[157] Bockris J O, Otagawa T. Mechanism of oxygen evolution on perovskites[J]. The Journal of Physical Chemistry, 1983, 87 (15): 2960~2971.

[158] Fernández J L, Chialvo de Chialvo M R, Chialvo A C. Kinetic study of the chlorine electrode reaction on Ti/RuO_2 through the polarisation resistance: Part Ⅱ: mechanistic analysis [J]. Electrochimica Acta, 2002, 47 (7): 1137~1144.

[159] Ye Z G, Meng H M, Sun D B. Electrochemical impedance spectroscopic (EIS) investigation of the oxygen evolution reaction mechanism of Ti/IrO_2 + MnO_2 electrodes in 0.5m H_2SO_4 solution[J]. Journal of Electroanalytical Chemistry, 2008, 621 (1): 49~54.

[160] Hu J M, Zhang J Q, Cao C N. Oxygen evolution reaction on IrO_2-based DSA© type electrodes: kinetics analysis of Tafel lines and EIS[J]. International Journal of Hydrogen Energy, 2004, 29 (8): 791~797.

[161] da Silva L A, Alves V A, da Silva M A P, et al. Electrochemical impedance, SEM, EDX and voltammetric study of oxygen evolution on Ir + Ti + Pt ternary-oxide electrodes in alkaline solution[J]. Electrochimica Acta, 1996, 41 (7~8): 1279~1285.

[162] Rammelt U, Reinhard G. On the applicability of a constant phase element (CPE) to the estimation of roughness of solid metal electrodes [J]. Electrochimica Acta, 1990, 35 (6): 1045~1049.

[163] Hou Y Y, Hu J M, Liu L, et al. Effect of calcination temperature on electrocatalytic activities of Ti/IrO_2 electrodes in methanol aqueous solutions [J]. Electrochimica Acta, 2006, 51 (28): 6258~6267.

[164] Wakamatsu T, Uchiyama T, Natsui S, et al. Solubility of gaseous carbon dioxide in molten LiCl-Li_2O[J]. Fluid Phase Equilibria, 2015, 385: 48~53.

[165] Tomkute V, Solheim A, Sakirzanovas S, et al. Phase equilibria evaluation for CO_2 capture: CaO-CaF_2-NaF, $CaCO_3$-NaF-CaF_2, and Na_2CO_3-CaF_2-NaF[J]. Journal of Chemical & Engineering Data, 2014, 59 (4): 1257~1263.

[166] 侯怀宇，谢刚，尤静林，等．固体和熔融碱金属碳酸盐的 Raman 光谱研究[J]. 光散射学报，2001，13（1）：54~58.

[167] Bates J B，Brooker M H，Quist A S，et al. Raman spectra of molten alkali metal carbonates [J]. The Journal of Physical Chemistry，1972，76（11）：1565~1571.

[168] Maroni V A，Cairns E J. Raman spectra of fused carbonates[J]. Journal of Chemical Physics，1970，52（52）：4915，4916.

[169] Chen L J，Cheng X，Lin C J，et al. In-situ Raman spectroscopic studies on the oxide species in molten Li/K_2CO_3[J]. Electrochimica Acta，2002，47（9）：1475~1480.

[170] Koura N，Kohara S，Takeuchi K，et al. Alkali carbonates：Raman spectroscopy，ab initio calculations，and structure[J]. Journal of Molecular Structure，1996，382（3）：163~169.

[171] Pasierb P，Komornicki S，Rokita M，et al. Structural properties of Li_2CO_3-$BaCO_3$ system derived from IR and Raman spectroscopy[J]. Journal of Molecular Structure，2001，596（1~3）：151~156.

[172] Suzuki R O，Otake K，Uchiyama T，et al. Decomposition of CO_2 gas in $CaCl_2$-CaO and LiCl-Li_2O molten salts[J]. ECS Transactions，2013，50（11）：443~450.

[173] Otake K，Kinoshita H，Kikuchi T，et al. CO_2 gas decomposition to carbon by electro-reduction in molten salts[J]. Electrochimica Acta，2013，100：293~299.

[174] 石忠宁，李亮星，刘爱民，等．一种电解二氧化碳制备氧气的方法．CN103590064A，2014. 9.

[175] 石忠宁，刘爱民，何文才，等．一种从月壤月岩型混合氧化物提取金属并制备氧气的方法．CN103643259A，2014. 9.

[176] Kim K H，Zheng J Y，Shin W，et al. Preparation of dendritic NiFe films by electrodeposition for oxygen evolution[J]. RSC Advances，2012，2（11）：4759~4767.

[177] Allanore A，Yin L，Sadoway D R. A new anode material for oxygen evolution in molten oxide electrolysis[J]. Nature，2013，497（7449）：353~356.

[178] Sakamura Y，Iizuka M. Applicability of nickel ferrite anode to electrolytic reduction of metal oxides in LiCl-Li_2O melt at 923K[J]. Electrochimica Acta，2016，189：74~82.

[179] Joseph T B，Sanil N，Shakila L，et al. A cyclic voltammetry study of the electrochemical behavior of platinum in oxide-ion rich LiCl melts [J] . Electrochimica Acta，2014，139：394~400.

[180] Sakamura Y. Effect of alkali and alkaline-earth chloride addition on electrolytic reduction of UO_2 in LiCl salt bath[J]. Journal of Nuclear Materials，2011，412（1）：177~183.

[181] Sakamura Y，Kurata M，Inoue T. Electrochemical reduction of UO_2 in molten $CaCl_2$ or LiCl [J]. Journal of the Electrochemical Society，2006，153（3）：D31~D39.

[182] Jeong S M，Shin H，Cho S，et al. Electrochemical behavior of a platinum anode for reduction of uranium oxide in a LiCl molten salt[J]. Electrochimica Acta，2009，54（26）：6335~6340.